人工智能通识

主　编　刘松林　容云飞　关冬练
副主编　余同文　赵金杰　吴　魁　钟健明
　　　　梁长明　吴楚菁
参　编　邹贵财　黄协荣　林艳珍　张春学
　　　　陈海标　苏　武　刘蓉黔

北京理工大学出版社
BEIJING INSTITUTE OF TECHNOLOGY PRESS

内容简介

本书包含初识 AIGC、"文心一言"应用、AI 创作 PPT、"有言"AIGC 式视频生成、"豆包"应用、"通义万相"应用、AI 短视频制作七个项目，围绕人工智能生成内容（AIGC）的实际应用，详解"DeepSeek""文心一言"等主流平台操作。

本书以任务驱动为核心设计"理实一体化"教学体系，通过项目分解式学习路径引导读者体验 AIGC 应用场景，完成从工具操作到场景落地的基础实践。本书配套教学资源丰富，支持课堂实训与技能考证。

本书适合人工智能相关课程教学使用，也可作为技能培训教材或供人工智能爱好者自学参考。

版权专有　侵权必究

图书在版编目（CIP）数据

人工智能通识 / 刘松林，容云飞，关冬练主编.
北京：北京理工大学出版社，2025.5.
ISBN 978-7-5763-5377-8

Ⅰ．TP18

中国国家版本馆 CIP 数据核字第 2025FE4056 号

责任编辑 / 张荣君	**文案编辑** / 张荣君
责任校对 / 周瑞红	**责任印制** / 施胜娟

出版发行 /	北京理工大学出版社有限责任公司
社　　址 /	北京市丰台区四合庄路 6 号
邮　　编 /	100070
电　　话 /	（010）68914026（教材售后服务热线）
	（010）63726648（课件资源服务热线）
网　　址 /	http://www.bitpress.com.cn

版 印 次 /	2025 年 5 月第 1 版第 1 次印刷
印　　刷 /	定州市新华印刷有限公司
开　　本 /	787 mm×1092 mm　1/16
印　　张 /	9.5
字　　数 /	174 千字
定　　价 /	42.00 元

图书出现印装质量问题，请拨打售后服务热线，本社负责调换

前言

当前，随着人工智能技术的飞速发展，AIGC（生成式人工智能）在教育、媒体、办公、设计等多个领域得到广泛应用，对技术技能人才的综合素养和复合能力提出了更高要求。职业教育作为技术技能人才培养的主渠道，亟需加快课程内容更新、推动教学方法改革、对接产业技术发展。

本教材以人工智能生成技术的实际应用为切入点，围绕AIGC核心平台与典型工具，设置了七个项目模块，涵盖文字生成、图像创作、PPT智能制作、短视频生成等方向，选取了"DeepSeek""文心一言""ChatPPT""有言""豆包""通义万相"等主流工具，通过具体案例呈现其操作方法与应用场景。每个项目模块均包含任务描述、实现步骤、知识链接等内容，突出"任务驱动、项目统领"的教学逻辑，帮助学生在真实情境中"做中学、学中练"，逐步构建人工智能技术应用能力体系。

本教材秉持"立德树人、产教协同、能力递进"的职业教育理念，紧密对接人工智能训练师职业标准，构建以"理实一体化"为特征的项目化教学体系，强调"以学生为中心"和"做中学、做中教"的育人理念，促进学生技术技能与综合素养的协同发展。内容编写注重课程思政的有机融入，通过项目实践与案例分析，引导学生树立正确的价值观与职业精神，增强社会责任感和创新意识。

本教材由来自行业、企业、高校及职业院校的专家、教师和科研人员共同编写，团队成员具有丰富的教学经验和产业实践基础，部分成员曾获省级教学大赛奖项或在智能教育领域取得突出成果，确保教材内容的前沿性、系统性与实用性。在教材编写过程中，团队不断开展教学研讨，深入交流应用心得，致力于打造一套服务高素质技术技能人才培养的优质教学资源。

Preface

　　鉴于 AIGC 平台的操作界面更新较快，书中涉及的工具讲解可能与相关平台的最新操作界面存在一定差异。但书中提到的使用这些工具的理念和方法可以为读者更好地利用 AIGC 平台提供一定的助益。编者会对调整较大的平台进行补充讲解，读者可扫描书后的二维码，获取相关讲解内容。

　　由于编写时间有限，书中难免存在不足之处，敬请广大读者批评指正，以便后续不断完善。

编　者

目录

项目1 初识 AIGC ·········· 1
- 任务1 认识 AIGC ·········· 2
- 任务2 了解"DeepSeek" ·········· 6
- 任务3 "DeepSeek"生成倒计时网页工具 ·········· 9
- 任务4 "DeepSeek"生成随机点名网页工具 ·········· 12

项目2 "文心一言"应用 ·········· 17
- 任务1 使用对话式交互写一份职业规划 ·········· 18
- 任务2 使用"文心一言"纠正日记错别字与扩写日记 ·········· 23
- 任务3 使用"文心一言"把中文日记翻译为英文 ·········· 26
- 任务4 使用"文心一言"制作单词学习规划 ·········· 28
- 任务5 使用"文心一言"实现童话创作故事和配图 ·········· 30

项目3 AI 创作 PPT ·········· 37
- 任务1 使用"ChatPPT"自动生成 PPT ·········· 38
- 任务2 使用"DeepSeek"和"天工 AI"生成 PPT ·········· 43
- 任务3 使用"轻竹办公"生成 PPT ·········· 49

项目4 "有言"AIGC 式视频生成 ·········· 54
- 任务1 使用"有言"创作 3D 视频 ·········· 55
- 任务2 更换主播人物并自动生成脚本制作视频 ·········· 60
- 任务3 自创 3D 人物 ·········· 66
- 任务4 使用"画中画"技术创作视频 ·········· 72
- 任务5 视频后期包装 ·········· 76

Contents

项目 5 "豆包"应用 ····· 83
- 任务 1 使用"豆包"进行插画创作 ····· 84
- 任务 2 使用"豆包"复原历史画卷 ····· 88
- 任务 3 使用"豆包"探秘竹子、枫树、银杏树 ····· 91
- 任务 4 使用"豆包"创作二十四节气主题系列插画 ····· 96
- 任务 5 使用"豆包"重构《千里江山图》中的山水建筑为现代都市版 ····· 104

项目 6 "通义万相"应用 ····· 109
- 任务 1 输入一首诗进行文字作画 ····· 110
- 任务 2 输入一段描述文字进行文字作画 ····· 114
- 任务 3 使用"文生视频"功能创作视频作品 ····· 118
- 任务 4 使用"图生视频"功能创作视频作品 ····· 122

项目 7 AI 短视频制作 ····· 129
- 任务 1 使用"度加创作工具"创作短视频 ····· 130
- 任务 2 视频草稿作品的生成与下载 ····· 138
- 任务 3 声音的克隆与应用 ····· 141

参考文献 ····· 146

项目 1　初识 AIGC

知识导读

本项目作为 AIGC（Artificial Intelligence Generated Content，人工智能生成内容）技术的入门项目，系统性地介绍了 AIGC 的含义、核心特点及发展历程等。通过 4 个递进式的任务，帮助学生从理论认知逐步过渡到实践应用。

首先，本项目将厘清 AI（Artificial Intelligence，人工智能）与 AIGC 的技术定义，明确人工智能模拟人类智能的本质特征，以及 AIGC 在内容生成领域的革命性突破，并重点阐述机器学习、自然语言处理等核心技术如何赋能内容创作。

其次，本项目通过讲解对"DeepSeek"平台的实际操作，帮助学生掌握提示词的基本应用技巧，体验从代码生成到网页部署的完整开发流程，建立对 AIGC 生产力的直观认知。

本项目特别强调"做中学"的职业教育理念，学生可以通过使用倒计时器、随机点名器等实用工具，切身感受 AIGC 降低技术门槛、重塑创作范式的实现路径。

学习目标

1. 知识目标

（1）了解 AI 与 AIGC 的含义、核心特点及发展历程。

（2）理解机器学习、自然语言处理（Natual Language Processing，NLP）等关键技术驱动 AIGC 发展的方式。

（3）熟悉 AIGC 的主要应用场景（如文本、图像、音频与视频生成）及常见工具（如"DeepSeek""Midjourney"）。

2. 技能目标

（1）能够使用"DeepSeek"等 AI 工具生成文本内容（如请假条）和网页代码（倒计时器、随机点名器）。

（2）能够掌握指令（Prompt）设计的基本技巧，优化 AI 生成结果。

（3）具备将 AI 生成的 HTML 代码部署运行的能力，完成简单网页开发流程。

3. 素养目标

（1）建立对 AI 应用的伦理与安全的认知，警惕算法偏见、隐私泄露等问题。

（2）培养"人机协同"思维，使其合理利用 AIGC 工具提升效率，同时保持批判性思考。

（3）通过实践体验 AIGC 的变革潜力，激发对人工智能技术的探索兴趣。

任务 1　认识 AIGC

任务描述：

（1）了解 AI 与 AIGC 的含义。
（2）了解 AI 与 AIGC 的核心特点。
（3）了解 AI 应用的伦理与安全。
（4）了解 AIGC 的发展历程。
（5）了解 AIGC 的主要应用场景。
（6）了解常见的 AIGC 大模型工具。

实现步骤：

1. AI 与 AIGC 的含义

（1）AI 是指由计算机系统模拟、延伸或扩展人类智能的技术和科学。它使机器能够执行通常需要人类智能才能完成的任务，如学习、推理、决策、感知、语言理解和创造等。

（2）AIGC 是指利用人工智能技术自动或半自动地生成文本、图像、音频、视频、代码等内容的技术。与传统内容创作方式不同，AIGC 依赖机器学习、自然语言处理、计算机视觉等 AI 技术，能够高效、大规模地生成符合人类需求的内容。

2. AI 与 AIGC 的核心特点

（1）AI 的核心特点。

①学习（机器学习）。

AI 可以通过数据自动学习并改进，无须显式编程。

②推理与决策。

AI 能够分析信息并作出逻辑判断（如自动驾驶、医疗诊断）。

③感知。

通过计算机视觉、语音识别等技术，AI 能"看""听"并理解环境。

④自然语言处理。

AI 可以理解和生成人类语言（如聊天机器人、翻译工具）。

⑤适应性。

AI 能够根据新数据或环境变化调整行为（如推荐系统）。

（2）AIGC 的核心特点。

①自动化。

AIGC 可以独立完成创作，减少人工干预。

②高效性。

相比人工创作方式，AIGC 能在短时间内生成大量内容。

③可定制化。

用户可以通过输入指令调整生成结果。

④多模态。

支持文本、图像、音频、视频等多种内容形式。

3. AI 应用的伦理与安全

人们在享受 AIGC 技术红利的同时，需要警惕 AI 应用的伦理与安全风险，要注意留意不可忽视的边界。

（1）算法偏见与公平性。

AI 可能继承训练数据中的偏见，因此需要采用多样化的数据集、公平性评估指标及算法审计机制。

（2）隐私保护与数据滥用。

生成式 AI 可能会泄露用户隐私，如通过文本分析推断个人健康信息。因此，应严格遵循数据匿名化、隐私保护等技术规范。

（3）内容真实性与版权争议。

AIGC 生成的内容可能被误认为真实信息（如深度伪造视频引发舆论危机）。为此，应建立内容溯源机制（如数字水印技术），明确 AI 生成内容的版权归属。

（4）技术依赖与就业冲击。

过度依赖 AIGC 可能导致创造力退化（如学生用 AI 生成论文）。为此，应倡导"人机协同"模式，强调人类在创意构思、价值判断中的主导作用。

（5）安全漏洞与恶意利用。

AI 可能被攻击者注入恶意指令（如通过指令注入生成虚假新闻）。因此，应开发对抗性训练、模型鲁棒性测试等防御技术。

4. AIGC 的发展历程

AIGC 并非突然出现，而是随着 AI 技术的进步逐步发展。

（1）早期阶段（20 世纪）。

基于规则的简单文本生成（如聊天机器人）。

（2）机器学习时代（2000—2010年）。

统计模型被用于简单内容生成。

（3）深度学习革命（2010—2020年）。

神经网络的发展让AIGC质量大幅提升。

（4）大模型时代（2020年至今）。

大模型时代标志着人工智能发展进入了一个全新阶段，以GPT（Generative Pre-trained Transformer，生成式预训练变换器）、BERT（Bidirectional Encoder Representations from Transformers，双向编码器表示法）等为代表的超大规模预训练模型正在重塑技术格局和社会形态。这一时代的核心特征体现在多个方面。

首先是模型参数数量的爆炸性增长，参数数量从早期的千亿级迅速跃升至万亿级，计算能力呈指数级提升；其次是模型多模态能力的突破，模型从单一的文本处理扩展到对图像、音频、视频等多元数据的融合理解与生成；最后是模型通用性的显著增强，单个模型能够适应多种任务，减少了对领域专门化模型的需求。

更引人注目的是模型涌现能力的出现，当模型规模达到一定阈值后，会展现出开发者未曾预设的新能力，如逻辑推理和创造性表达。

在技术层面，大模型的影响深远而广泛。自然语言处理技术实现了质的飞跃，机器在写作、翻译和对话任务上已接近甚至达到人类水平；计算机视觉技术同样进步显著，图像生成与识别的精度大幅提升；编程辅助工具借助大模型实现了代码自动生成与调试，极大地优化了软件开发流程；在科学研究中，大模型加速了文献分析、假设生成和实验设计等环节，成为科研工作者的有力助手。

然而，大模型的快速发展也伴随着诸多社会挑战。巨大的算力需求导致模型训练成本高昂，能源消耗和硬件投入成为瓶颈；伦理问题日益凸显，包括模型偏见放大、虚假信息生成等风险；就业结构面临调整，部分职业可能被自动化技术替代；技术垄断风险加剧，大模型的开发资源集中在少数科技巨头手中，可能影响行业的公平竞争。

5. AIGC的主要应用场景

AIGC已广泛应用于多个领域，包括文本生成、图像生成、音频与视频生成、其他应用等。

（1）文本生成。

文本生成（Text Generation）是指利用AI技术自动生成连贯、有意义的自然语言文本的过程。它基于大规模的语言模型（如"DeepSeek"），通过学习海量文本数据中的语言规律，生成符合人类表达习惯的句子、段落甚至整篇文章。

（2）图像生成。

艺术创作（如调整画风），设计辅助（如Logo、海报、UI设计），照片增强（如AI修图、老照片修复）。

（3）音频与视频生成。

AI配音（如"TTS语音合成"），音乐创作（如"AIVA""苏诺音乐"），视频生成（如"Runway"）。

（4）其他应用。

3D模型生成（如"NVIDIA Omniverse"），虚拟人物（如AI主播、数字人），游戏内容（如NPC对话、场景生成）。

6. 常见的AIGC大模型工具

当前，常见的AIGC大模型工具种类繁多，涵盖了文本、图像、音频、视频等多个领域。其中，比较热门的有"DeepSeek"（专注代码生成与复杂任务处理）、"豆包"（字节系中文优化工具，适合日常办公）、"Kimi"（长文本阅读与知识推理见长）等，各具特色，可满足不同场景需求。

（1）文本生成类。

文心一言是百度研发的文心大模型家族中的文本生成工具。文心一言深度融合了知识增强技术，对中国文化、语言有深入的理解，能够处理复杂的语言逻辑和语义关系，在文学创作、新闻资讯、智能客服等场景中表现出色。

通义千问是阿里云推出的通义大模型系列中的文本生成模型。通义千问具备多轮对话和跨模态知识理解能力，能够理解上下文语境，生成连贯、准确的回答。通义千问在电商、金融、医疗等行业有广泛应用，可为企业提供智能问答、文本创作等服务。

（2）图像生成类。

"Midjourney"以高质量的图像生成效果著称。用户只需输入简单的文本描述，即可生成富有创意和艺术感的图像。它生成的图像风格多样，涵盖写实、抽象、幻想等多种类型，在艺术创作、设计领域受到广泛关注。

"Stable Diffusion"是开源的图像生成模型，具有高度的可定制性和灵活性。用户可以根据自己的需求调整模型参数，以生成不同风格和质量的图像。在社区的支持下，不断有新的插件和模型版本推出，拓展了其应用场景。

通义万相是阿里云推出的通义大模型示例中的AI绘画与图像生成模型，其基于大模型技术，支持通过文本描述（Text-to-Image）生成高质量图片，也可用于图像编辑、风格转换等任务。它类似"Midjourney""Stable Diffusion""DALL·E"等工具，但更专注中文场景和本土化应用。

（3）音频生成类。

"苏诺音乐"专注音乐和音频内容的生成，能够根据用户输入的歌词、旋律风格等信息，生成完整的音乐作品。其生成的音乐风格多样，涵盖流行、摇滚、古典等多种类型，为音乐创作提供了新的工具和方法。

"Eleven Labs"提供高质量的语音合成服务，能够将文本转换为自然流畅的语音。其语音合成效果逼真，支持多种语言和音色选择，在有声读物、语音导航、虚拟助手等领域有广泛应用。

（4）视频生成类。

"可灵"是快手推出的视频生成大模型，其具备生成长时间、高分辨率、一致性视频的能力。它能够理解复杂的文本语义，生成富有创意和吸引力的视频内容，在短视频创作、影视制作等领域的应用潜力巨大。

任务 2　了解"DeepSeek"

任务描述：

（1）登录"DeepSeek"。
（2）询问"DeepSeek"能提供哪些功能。
（3）试通过"DeepSeek"生成请假条的范文。

实现步骤：

（1）打开"DeepSeek"网址，使用手机验证码方式进行登录，如图1-1所示。

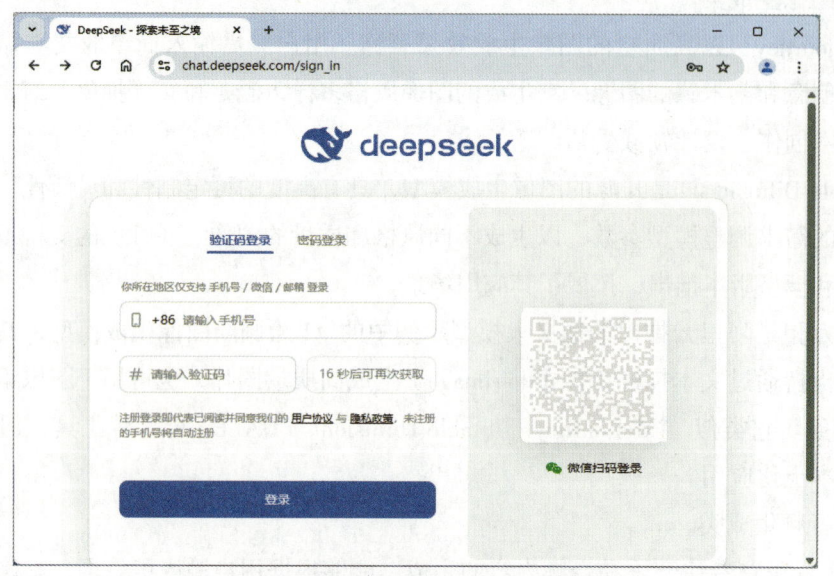

图1-1　使用手机验证码方式进行登录

任务 2　了解"DeepSeek"

（2）登录完成如图 1-2 所示，然后向"DeepSeek"发送信息。

图 1-2　登录完成

（3）在文本框中输入"DeepSeek 有什么功能"，单击 ↑ 按钮提交问题，如图 1-3 所示。

图 1-3　提交问题

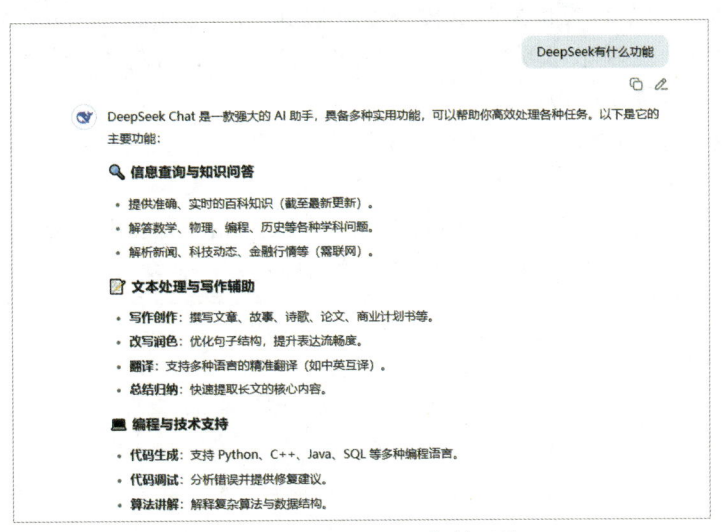

（4）提交问题后会收到"DeepSeek"的回答，如图 1-4 所示。

图 1-4　"DeepSeek"的回答

7

（5）使用"DeepSeek"写请假条。在文本框中输入"我是学生，本周五上午要去参加一个市运动会，由体育教练何老师带队，不能回班上课，须向班主任请假，帮我写一个请假条。"提交后即可得到"DeepSeek"提供的请假条模板，如图1-5所示。

图1-5 "DeepSeek"提供的请假条模板

知识链接：

你可能已经注意到，当你向DeepSeek提出一个问题时，它的回答有时精准无误，有时却让人一头雾水。这并非取决于它是否"聪明"，而是取决于你的提问方式。

AI对话助手并不会真正"理解"问题的含义。它只会根据你给出的提示词（Prompt），在海量的语言模型中寻找"最有可能的后续答案"。倘若你的问题模糊不清、上下文不明，它便很难判断你的真实意图；而若你的问题具体清晰、结构完整，它往往能给出令人满意的回答。

举例来说，你既可以模糊地提问"帮我写个请假条"，也可以明确地提问"帮我写一份因感冒请假两天、语气正式、适合发给班主任的请假条"。这两种不同的提问方式，会得到截然不同的结果。这就如同你在"编程"，语言是指令，AI则是执行者。

所以，用好AIGC工具的起点，就是学会清晰地表达自身需求。

任务3 "DeepSeek"生成倒计时网页工具

任务描述：

（1）输入倒计时网页的设计要求，试用"DeepSeek"生成相应的代码。
（2）将获取的代码保存为"index.html"文件，用浏览器打开，浏览网页的运行效果。

实现步骤：

（1）访问"DeepSeek"网站，在文本框中输入倒计时网页的设计要求："设计一个网页代码，实现倒计时功能：（1）倒计时总时长为5分钟。（2）每秒倒计1次，显示剩余的时间，倒计到0时停止。"

输入完成后，单击 ↑ 按钮进行提交，如图1-6所示。

图1-6　输入倒计时网页的设计要求

（2）等待"DeepSeek"生成全部代码后，复制代码，如图1-7所示。

图1-7　复制代码

（3）将代码粘贴到记事本文件中，如图1-8所示。

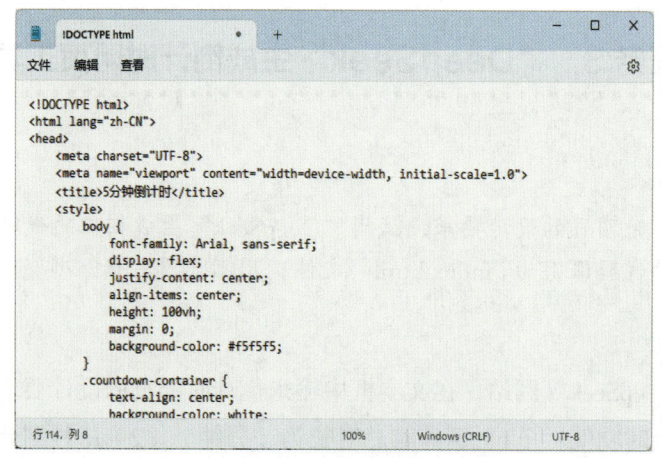

图1-8　将代码粘贴到记事本文件中

（4）单击"文件"选项卡，选择"另存为"选项，如图1-9所示。

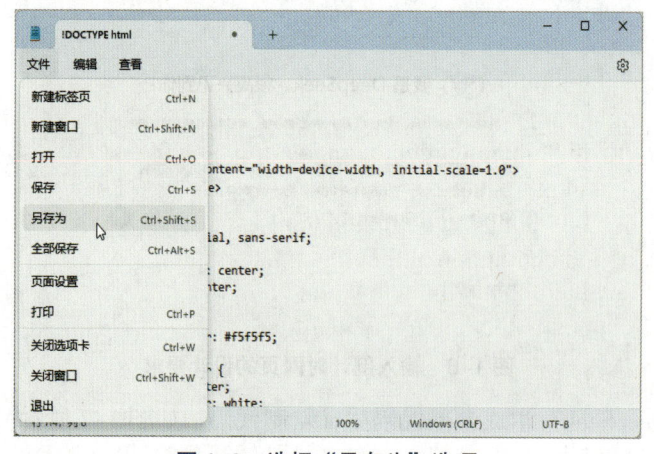

图1-9　选择"另存为"选项

（5）在"文件名"文本框中输入"index.html"，在"保存类型"下拉列表中选择"所有文件（*.*）"选项，如图1-10所示。

图1-10　在"保存类型"下拉列表中选择"所有文件（*.*）"选项

（6）右击"index.html"文件，在菜单中的"打开方式"选项中选择一款浏览器，如图 1-11 所示。

图 1-11　选择一款浏览器

（7）浏览网页的运行效果，如图 1-12 所示。

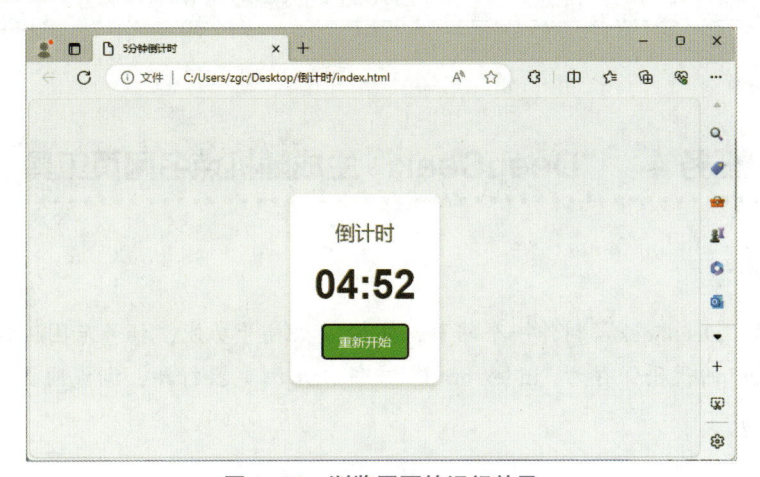

图 1-12　浏览网页的运行效果

（8）执行倒计时功能，如图 1-13 所示。

图 1-13　执行倒计时功能

项目 1　初识 AIGC

知识链接：

> 　　或许你会感到惊讶，短短几秒钟内，DeepSeek 便能生成一整段网页代码，实现倒计时功能。它编写代码既迅速又规整，既不会出错，也不会有任何抱怨。那么问题来了：倘若它能够编写代码，我们是否还需要学习编程呢？答案是：我们更应当学习编程——只不过不再是为了亲手书写每一个字母，而是为了理解代码背后的结构与逻辑。
>
> 　　AI 能够协助你完成"如何编写"的部分，但"编写什么""为何这样编写"仍需由你自行思考。这就如同导航能够告知你行进的路线，但目的地还需你自己选定。你必须明晰：倒计时网页是由 HTML 构架页面、CSS 美化样式、JavaScript 控制时间行为共同构成的。掌握这些知识并非是为了让你"替代 AI 编写代码"，而是让你能够判断：AI 所编写的代码是否正是你所需要的。
>
> 　　工具越是强大，判断力就越发重要。不要让代码的快速生成掩盖了你对知识的理解，你无需与 AI 比拼打字速度，但你必须比它更明白为何要这么做。

任务 4　"DeepSeek"生成随机点名网页工具

任务描述：

（1）使用"DeepSeek"制作一个网页，实现随机抽号功能，抽号范围（1–50 号）。

（2）将获取的代码保存为"index.html"文件，用浏览器打开，浏览网页的运行效果。

实现步骤：

（1）访问"DeepSeek"网站，在文本框中输入随机抽号的设计要求，即"制作一个网页，实现随机抽号功能，抽号范围（1–50 号）"。

输入完成后，单击 ↑ 按钮进行提交，如图 1-14 所示。

图 1-14　输入随机抽号的设计要求

（2）等待"DeepSeek"生成全部代码后，复制代码，如图1-15所示。

图1-15 复制代码

（3）把代码粘贴到记事本文件中，并将文件保存为"index.html"文件，如图1-16所示。

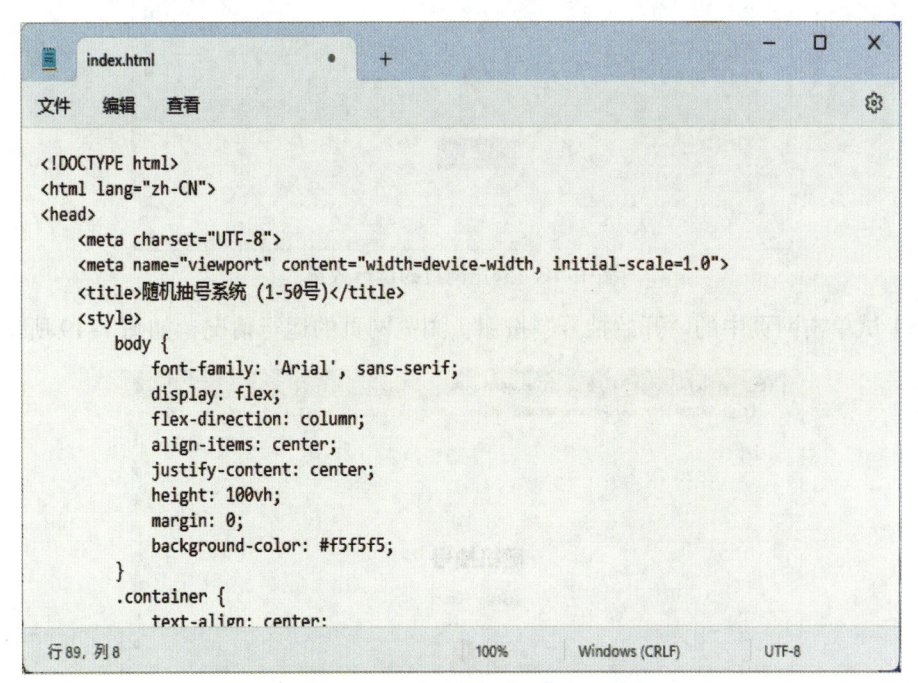

图1-16 把代码粘贴到记事本文件中

（4）右击"index.html"文件，在菜单中的"打开方式"选项中选择一款浏览器，如图1-17所示。

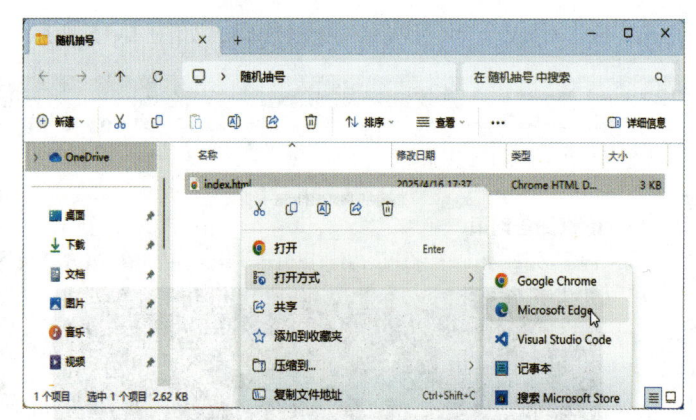

图 1-17　选择一款浏览器

（5）浏览网页的运行效果，如图 1-18 所示。

图 1-18　浏览网页的运行效果

（6）试单击网页中的"开始抽号"按钮，浏览网页的运行情况，如图 1-19 所示。

图 1-19　浏览网页的运行情况

任务4 "DeepSeek"生成随机点名网页工具

知识链接：

运用 AI 来生成"随机抽号"网页极为便捷，只需明确范围，它便能即刻生成页面代码。然而，一个网页是否有趣、是否实用，往往并非取决于功能本身，而在于你对它的设计思路。

网页中的"规则"和"玩法"并不会自动呈现。是否允许重复抽取、是否设置奖励、是否添加有趣的提示，这些都需由你来进行设定。AI 能够执行操作，却不会主动为你"设计体验"。

为使 DeepSeek 更精准地实现你的想法，你需将任务描述表达得清晰且有条理。以下是几点优化建议：

1. 明确功能范围，例如"抽号范围为 1-50"。
2. 指定界面元素，例如"在页面上设置一个'开始抽号'按钮"。
3. 说明交互方式，例如"点击按钮后立即显示结果"。

你描述得越详尽，生成的网页就越契合你的设想。使用 AI 并非仅仅是为了让它代你编写代码，更是为了通过你的表达，将一个创意转化为真正实用的工具。

项目小结

本项目通过"理论+实践"的方式，帮助学生建立对 AIGC 的全面认知，并掌握 AI 工具的基本使用方法。后续学生可进一步学习高级提示词技巧、大模型微调等进阶内容，以深入探索 AIGC 的潜力！

拓展练习

一、选择题

1. AI（人工智能）的核心特点不包括以下哪一项？（　　）
   A. 学习　　　　　　B. 自然语言处理　　C. 完全自主意识　　D. 推理与决策

2. 以下哪一项是 AIGC（人工智能生成内容）的主要特点？（　　）
   A. 完全依赖人工编写　　　　　　B. 高效、可定制、多模态
   C. 仅支持文本生成　　　　　　　D. 无法调整生成结果

3. 以下哪一项属于 AI 应用的伦理与安全问题？（　　）
   A. 算法偏见与公平性　　　　　　B. 计算速度过快
   C. 模型体积过大　　　　　　　　D. 训练数据过少

4. 在 AIGC 的发展历程中，以下哪个阶段标志着超大规模预训练模型的出现？（　　）
   A. 早期阶段（20 世纪）　　　　　B. 机器学习时代（2000—2010 年）
   C. 深度学习革命（2010—2020 年）　D. 大模型时代（2020 年至今）

5. 以下哪一项不属于 AIGC 的主要应用场景？（　　）

  A. 文本生成   B. 图像生成

  C. 人工驾驶   D. 音频与视频生成

6. 以下哪一款工具不被用于文本生成？（　　）

  A. "Midjourney"   B. "豆包"   C. "文心一言"   D. "DeepSeek"

7. 关于 AI 伦理，以下哪一项说法是错误的？（　　）

  A. AI 可能泄露用户隐私   B. AI 生成的内容不会引发版权争议

  C. AI 可能存在算法偏见   D. AI 可能被恶意利用

8. 下列哪一项是图像生成类 AIGC 工具？（　　）

  A. "ElevenLabs"   B. "Kimi"   C. "Deep Art"   D. "苏诺音乐"

9. 大模型时代的核心特征不包括以下哪一项？（　　）

  A. 模型参数规模爆炸性增长   B. 多模态能力突破

  C. 仅适用于单一任务   D. 涌现新能力（如逻辑推理）

10. "DeepSeek" 属于以下哪一类 AI 工具？（　　）

  A. 文本生成   B. 图像生成   C. 视频生成   D. 3D 模型生成

二、简答题

1. 简述 AIGC 在现实生活中的三个应用场景，并举例说明。

2. 在使用 AIGC 工具时，可能涉及哪些伦理与安全问题？如何应对？

三、任务实践

任务 1　用 "DeepSeek" 写个人简历

将自己的个人简历情况交给 "DeepSeek"，试让 "DeepSeek" 生成个人简历。

任务 2　用 "DeepSeek" 生成简易计算器网页

使用 "DeepSeek" 生成一个网页版简易计算器，支持加、减、乘、除运算。要求页面包含数字按钮（0-9）、运算符按钮（+、-、×、÷）和等号按钮。将生成的代码保存为 "calculator.html" 文件，用浏览器打开测试其功能。

项目 2 "文心一言"应用

知识导读

本项目旨在通过一系列实践性任务，引导学生充分利用"文心一言"（ERNIE Bot）这一先进的自然语言处理工具，以提升他们在学习、创作及语言应用方面的能力。

从职业规划的制订到日记的撰写与翻译，再到获奖感言的撰写与童话故事的智能配图，每个任务都紧密结合实际应用场景，旨在让学生在实践中掌握"文心一言"的基本操作与高级功能。

2024 年 9 月"文心一言"App 更名为"文小言"，本书讲的是"文心一言"网页版。

学习目标

1. 知识目标
（1）了解"文心一言"工具。
（2）了解"文心一言"的基本概念、功能及应用领域。
（3）认识"文心一言"在职业规划、语言处理、创作辅助等方面的潜力。

2. 技能目标
（1）能够熟练使用"文心一言"工具查询并生成职业规划相关文稿。
（2）能够利用"文心一言"检查并纠正日记中的错别字，同时在保留原意的基础上，对日记进行扩写，丰富内容。
（3）能够使用"文心一言"将中文日记准确地翻译为英文。
（4）能够使用"一言百宝箱"提供的模板，创作获奖感言，并实现童话故事的智能配图。

3. 素养目标
（1）培养在数字化时代获取信息、分析信息、利用信息解决实际问题的能力，提升信息素养水平。
（2）在使用"文心一言"和"一言百宝箱"等工具时，鼓励发挥想象力和创造力，探索更多应用方式和可能性。
（3）通过职业规划的制订，增强自我认知和自我规划能力，为未来的职业发展奠定坚实基础。

项目 2 "文心一言"应用

任务 1　使用对话式交互写一份职业规划

任务描述：

了解并熟悉"文心一言"工具，通过访问百度网站体验"文心一言"，掌握其基本操作页面和功能，并制订个人职业规划。

（1）在"文心一言"文本框内，输入关于个人职业规划的查询请求，以"职业技术学校计算机应用专业学生"为例进行查询，获得以下主题文稿：如何规划三年职业高中的学习与专业培养并获得上岗就业能力。

（2）将文稿内容复制到 WPS Office 等文字编辑软件中，根据个人实际情况进行修改和完善，以形成适合自己的职业规划文稿。

（3）制订专业课程学习计划：以"Web 开发"课程为例，利用"文心一言"进一步制订该课程的学习计划。

（4）阅读并参考"文心一言"生成的"Web 开发"课程学习规划文稿。同样地，将其内容复制到文字编辑软件中，根据个人学习习惯和时间安排进行调整，以制订个性化的学习计划。

实现步骤：

（1）启动浏览器，访问百度网站并在搜索框中输入"文心一言"进行搜索，单击"体验文心一言"按钮，如图 2-1 所示。

图 2-1　单击"体验文心一言"按钮

（2）进入"文心一言"主页面，如图 2-2 所示。

任务1 使用对话式交互写一份职业规划

图 2-2 进入"文心一言"主页面

（3）在"文心一言"文本框内，输入"我是一名职业技术学校的计算机应用专业学生，为了毕业后达到上岗就业的要求，我应该怎样规划自己未来三年职业高中的学习与专业培养。"单击"提交"按钮 ，如图 2-3 所示。

图 2-3 单击"提交"按钮

（4）得到一份"职业规划"文稿，如图 2-4 所示。

提示：所得的"职业规划"文稿仅供参考。

19

项目2 "文心一言"应用

图2-4 得到一份"职业规划"文稿

（5）单击"复制内容"按钮，复制文稿内容，如图2-5所示。

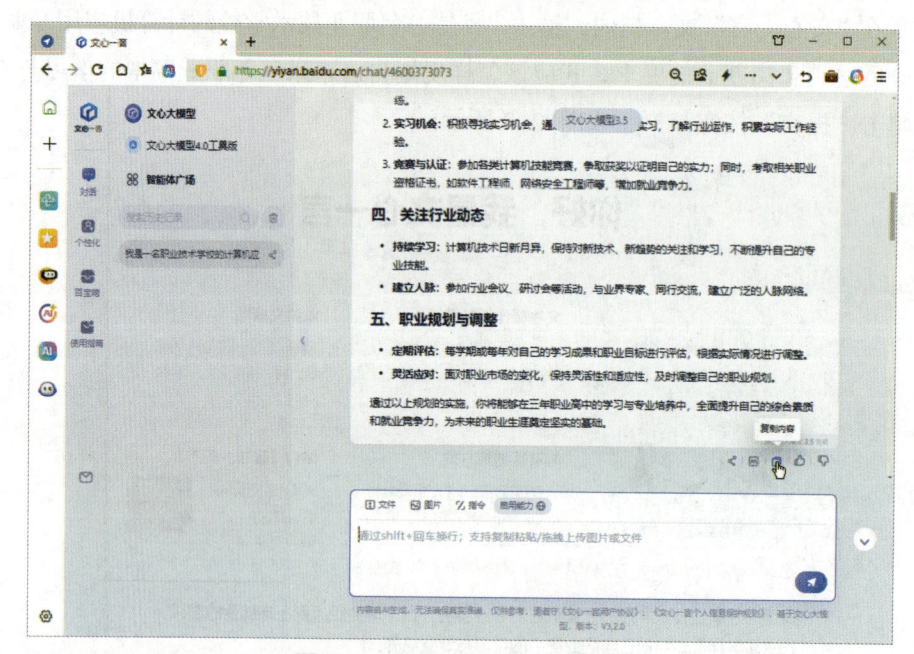

图2-5 单击"复制内容"按钮

（6）复制文稿内容后，在 WPS Office 新建一个文字文档，将文稿内容粘贴到文档中进行编辑和修改，以制订适合自己的职业规划，如图2-6所示。

任务 1　使用对话式交互写一份职业规划

图 2-6　将文稿内容粘贴到文档中

（7）返回"文心一言"网站，根据"文心一言"所写职业规划的内容，选择一门专业课程，撰写学习规划。例如，输入"作为一名职业技术学校学生，我想在未来三年内掌握及精通 Web 开发，应该怎样安排学习计划？"如图 2-7 所示。

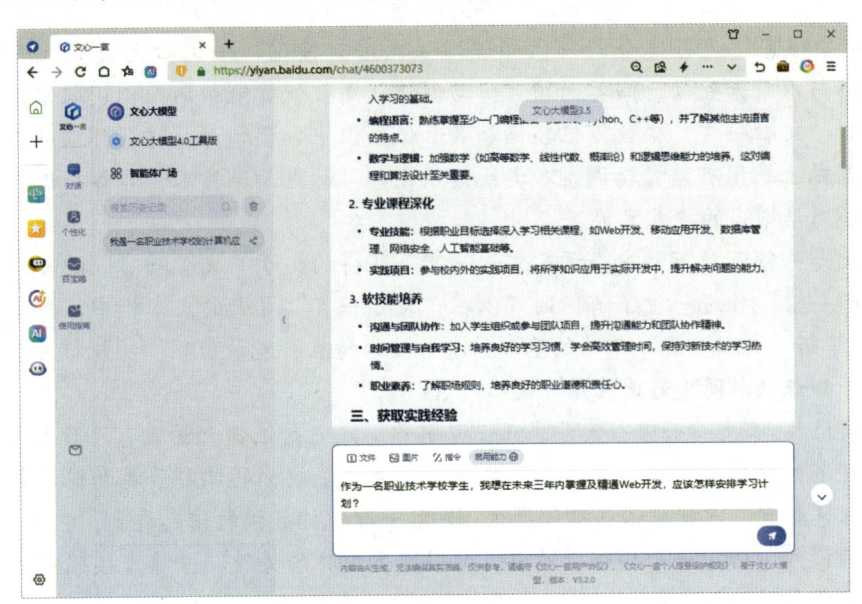

图 2-7　撰写学习规划

（8）提交后，得到一份如何进行"Web 开发"课程学习的规划文稿，规划文稿如图 2-8 所示。

21

项目2 "文心一言"应用

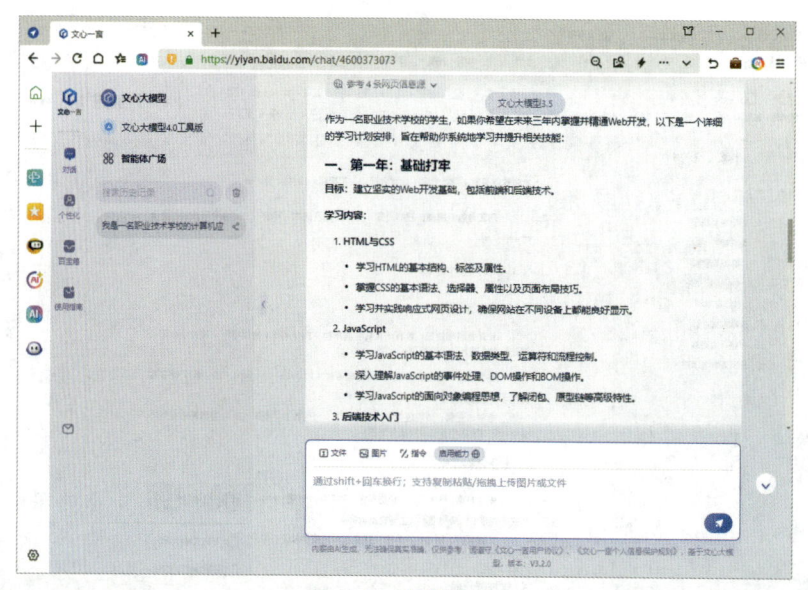

图2-8 规划文稿

> 提示：可以根据撰写职业规划的需要，将文稿内容复制到文字文档中进行编辑，以制作适合自己的职业规划文稿。

知识链接：

"文心一言"

"文心一言"是百度全新一代知识增强大语言模型——文心大模型家族的新成员，能够与人对话互动、回答问题、协助创作，高效便捷地帮助人们获取信息、知识和灵感。"文心一言"从数万亿数据和数千亿知识中融合学习，得到预训练大模型，又在此基础上采用有监督精调、人类反馈强化学习、提示等技术，具备知识增强、检索增强和对话增强的技术优势。

以上是一段百度百科中查询"文心一言"获得的关于"文心一言"的知识。若想对"文心一言"作进一步了解，则可以在"文心一言"页面的文本框中，输入"文心一言"，了解"文心一言"相关的基本信息、技术特点、发展历程、功能与应用、优势与不足等知识，以便更好地应用"文心一言"。

但请记住，"文心一言"无法真正"了解你"。它是依据大量现有的数据来预测答案的，并不知晓你的性格、兴趣、家庭状况，也不了解你的学习节奏和现实条件。你提供的信息越少，它就越容易对你产生"误解"；即便你提供的信息再多，它也只能"依照现有的模式"给出一个模板。所以，使用这类工具的关键，并非直接照搬生成的内容，而是学会判断与改写。

职业规划关乎未来的方向，绝非一句"AI建议我这么做"就能轻易决定的事情。你需要反复思考：这份规划是否适合我？我是否真的喜欢这个方向？哪些内容我表示认同，哪些还需要修改？AI可以成为你制定规划时的参考资料库，但真正的决定权，始终掌握在你自己手中。

任务2　使用"文心一言"纠正日记错别字与扩写日记

任务描述：

准备一份日记初稿，使用"文心一言"纠正日记中的错别字并扩写日记，编写出一篇自己满意的日记。

（1）编写一篇日记初稿（可能包含错别字，或故意设置错别字）。该初稿应简单描述一次实习经历，如在电商公司的一天，包含工作内容、感受等。

（2）使用"文心一言"进行错别字检查。

（3）根据纠错结果对日记文稿进行修正。

（4）使用"文心一言"在修正的日记文稿基础上进行扩写，要求其扩写成一篇100字左右的日记。

（5）审核与调整，仔细阅读"文心一言"生成的日记文稿，评估其是否符合预期的情感表达、内容准确性和语言流畅性，若不符合预期，则再次提交初稿，直至获得一篇自己满意的日记文稿。

实现步骤：

（1）访问"文心一言"网站，在"文心一言"文本框中输入要求："帮我检查以下日记的错别字："及已写好的日记初稿。输入内容后的效果如图2-9所示。

图2-9　输入内容后的效果

（2）提交后，得到纠错的说明，可清晰地看到每一个错别字，并学习错别字的相关知识，例如，得到了"冲实"应为"充实"与"洞力"应为"动力"等错别字的纠错说明。如图2-10所示。

项目2 "文心一言"应用

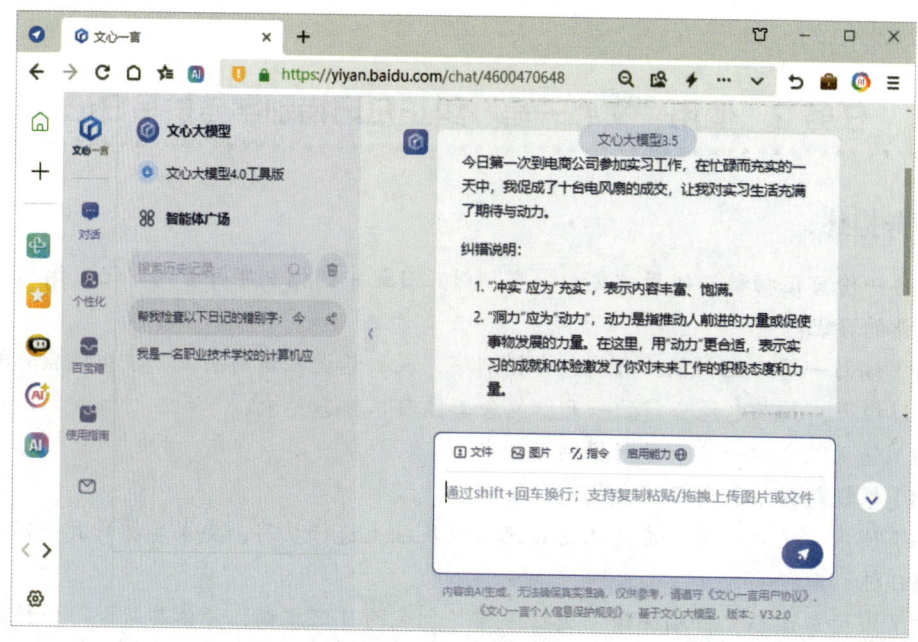

图2-10 纠错说明

（3）在"文心一言"文本框中输入初稿，要求"文心一言"根据内容扩写一篇100字左右的日记，如图2-11所示。

图2-11 在"文心一言"文本框中输入初稿

（4）提交后，会得到一篇100字左右的日记，如图2-12所示。

提示：若对所获得的日记文稿不满意，则可以再次提交扩写要求，即可得到不同描述的新日记，直到满意为止。

24

任务2 使用"文心一言"纠正日记错别字与扩写日记

图2-12 得到一篇100字左右的日记

（5）将所得到的文稿内容复制到文字文档中，根据自己的要求再进行编辑，形成一篇自己满意的日记。

知识链接：

自动化文本生成与修改工具

"文心一言"是一项基于人工智能技术的自动化文本生成与修改工具，它利用深度学习算法和自然语言处理技术，能够自动生成符合语言规律和逻辑的短文本或长篇文章，同时提供文本修改功能。在提升用户工作效率和文本质量方面发挥着重要作用。凭借其强大的自然语言处理能力和丰富的应用场景，"文心一言"正逐渐成为广大用户不可或缺的助手。

在"文心一言"文本框中，输入"'文心一言'的自动化文本生成与修改功能"，会得到更多关于"文心一言"基于人工智能技术的文本生成与修改功能的介绍。了解其相关的功能与应用，有利于更好地应用"文心一言"。

1. 自动化文本生成功能

（1）输入方式。

用户可以通过"文心一言"的官网、App或集成到其他平台的接口，输入起始句子、关键词或主题，作为文本生成的起点。

（2）生成内容。

用户输入内容后，文心一言能够自动将其扩展成一篇完整的文章或一个段落。这些生成的内容通常包含深刻的哲理、丰富的情感或专业的知识，适用于多种场合，如社交媒体发布、电商评价、办公文件编写等。

（3）风格与主题选择。

"文心一言"提供了多种风格和主题供选择，用户可以根据自己的喜好和需要进行个性化设置，以生成符合特定要求的文本。

（4）应用场景。

社交媒体：发布有趣、富有表现力的评论和留言。

电商平台：撰写商品评价，增加商品的曝光率和销售量。

办公场合：编写邮件、备忘录等，使信息更加简洁明了。

文学创作：激发灵感，创作出更加生动、有趣的故事情节。

广告宣传：设计引人入胜、令人难忘的广告语。

2. 自动化文本修改功能

（1）输入需要修改的文本。

用户可以在"文心一言"文本框中输入需要修改的文本。

（2）修改模式选择。

"文心一言"提供了多种修改模式，如语法检查、文本翻译、文本改写等，用户可以根据自己的需求选择合适的模式。

（3）修改过程。

单击"修改"按钮后，"文心一言"会自动对输入的文本进行修改，并在页面中显示修改后的效果。

（4）查看与调整。

用户可以查看修改后的文本是否符合要求，若不符合，则可以重新进行修改或调整参数以获得更好的结果。

需特别提醒的是，AI仅能处理语言层面的问题，它无法理解你在那次实习中的情绪细节，也难以判断哪句话才是真正触动你内心的部分。日记写作的核心，在于你对亲身经历的回忆与反思。AI可助力你将表达变得更为清晰、流畅，却无法与你产生相同的情感体验。

使用AI工具，犹如请来一位"写作助手"。它能够对已写就的文字进行润色，却无法书写出你内心的真实感受。最终呈现的那篇日记，不应仅仅是美观的，更应是"属于你自己的"。

任务3　使用"文心一言"把中文日记翻译为英文

任务描述：

在"文心一言"文本框中，输入已写好的中文日记文稿，请求其将此文稿翻译为英文。

（1）提供一篇内容完整并描述准确的日记。

（2）在"文心一言"文本框中，输入完整的中文日记后提交翻译请求。

（3）查看并编辑英文译文，评估其准确性，以提高自己的英文水平。

任务 3　使用"文心一言"把中文日记翻译为英文

实现步骤：

（1）访问"文心一言"网站，在"文心一言"文本框中输入"指令"内容"帮我把以下英文翻译为英文："和已写好的日记文稿，随后单击"提交"按钮，如图 2-13 所示。

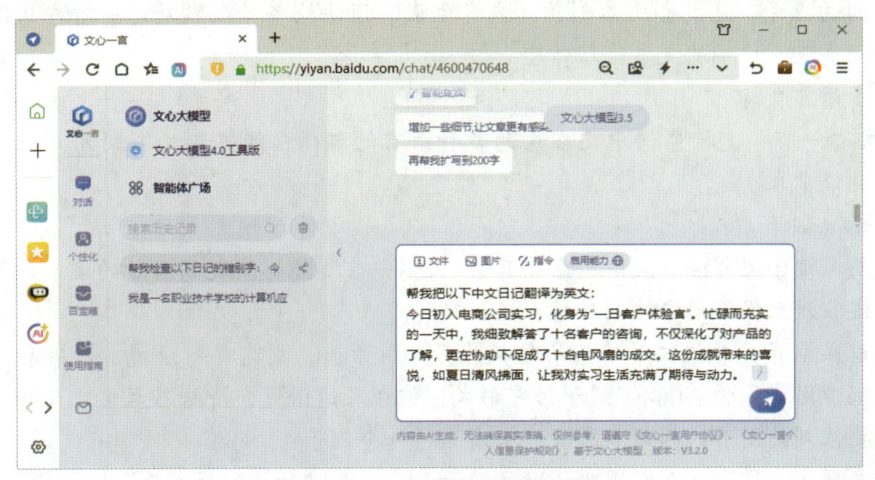

图 2-13　单击"提交"按钮

（2）提交后，可得到中文日记的英文译文（图 2-14），可以通过编辑英文译文，提高自己的英文水平。

> 提示：虽然"文心一言"的翻译功能强大且准确率高，但由于译文的准确性受多种因素的影响，所以用户在使用时应结合实际情况对译文进行仔细审核和修改。

图 2-14　得到中文日记的英文译文

（3）将所得到的英文译文内容复制到文字文档中，根据自己的要求和能力进行编辑，形成一篇自己满意的英文日记。

项目 2 "文心一言" 应用

知识链接：

人工智能技术的多语言翻译与文本处理工具

"文心一言"提供了先进的多语言翻译与文本处理工具。它不仅支持中文与多种外语之间的互译，还具备文本创作、内容生成、语法检查等高级功能，旨在为用户提供便捷、高效、准确的文本处理体验。

1. 多语言支持

"文心一言"支持包括中文在内的多种语言的翻译，能够满足不同用户在不同场景下的翻译需求。

2. 精准翻译

利用深度学习算法和大规模语料库，"文心一言"能够实现高质量的文本翻译，从而在一定程度上保证译文的准确性和流畅性。

不过，翻译并非仅仅是将词语转换为另一种语言，更需要对语境、情感和文化背景有深刻理解。尽管 AI 能够处理语言形式，但在表达语气、情绪乃至文化差异方面，仍然需要依赖使用者的判断和修改。来看这样一个例子：

中文原文："老师在我困难的时候鼓励了我，我真的特别感动。"

豆包的直译可能是："The teacher encouraged me when I was in trouble. I was really touched."。

这句翻译在语法上没有问题，但如果想要让情感表达更加自然、富有温度，可以稍作修改："I was truly moved by how my teacher encouraged me during a difficult time."。

虽然两句话表达的意思相近，但第二种翻译更贴合英语的自然语感，也更容易让读者产生共鸣。

这提醒我们，AI 是"语言助手"，而非"情感专家"。翻译的质量不仅在于是否正确，更在于能否传达出你真正想要表达的心意。翻译，是从一种语言到另一种语言的旅程，而你，是这段旅程中至关重要的导航者。

任务 4　使用"文心一言"制作单词学习规划

任务描述：

在"文心一言"的输入框中，输入学习目标和时间要求，请求生成可量化的年度单词学习规划。

（1）明确目标：从高一今天起到高二同日，累计掌握 3500 个英语单词。

（2）在"文心一言"中输入完整需求，例如"请为我制定一年掌握 3500 个单词的学习计划，并按周列出新学数量、复习安排和测试方式"。

（3）查看 AI 生成的计划，重点关注每周任务的可行性与复习节奏。

任务 4　使用"文心一言"制作单词学习规划

（4）结合个人学习习惯，对计划进行调整优化，并整理为一份 52 周的个人执行表，用于日常跟进和自我检测。

实现步骤：

（1）启动"文心一言"网站，单击左侧的"新对话"，输入提示词：

"帮我制定一份学习规划：今天我是高一学生，如果我高二的今天，能掌握 3500 个单词，我应如何落实每周的执行任务，请帮我用量化列出每周的任务和目标，我这样我就能量化地执行每周的学习。"，然后点击提交 ⬤ 按钮，如图 2-15 所示。

图 2-15　输入提示词

（2）会获得一些在 52 周内完成学习任务的相关信息，信息效果如图 2-16 所示。

图 2-16　信息效果

（3）请采用 AI 制作规划的方法获得相关的信息，归纳整理后，制作一份 1-52 周的规划内容，内容以"第一阶段基础积累期（第 1-12 周）"的格式作为模板，列出具体的新词量，复习策略，周日任务等内容，如表 2-1 所示。

29

项目2 "文心一言"应用

表 2-1 第一阶段基础积累期（第 1—12 周）

周次	新词量	复习策略	周日任务
1—4	180 词	第 2 天复习前日 30 词 第 4 天复习本周前 3 天 90 词	完成 180 词测试（正确率≥85%）
5—8	240 词	第 2 天复习 30 词 第 5 天复习本周前 4 天 120 词	完成 240 词测试 + 前 4 周错题重测
9—12	300 词	第 2 天复习 30 词 第 6 天复习本周前 5 天 150 词	完成 300 词测试 + 前 8 周高频错词集训练

（4）比较自己过去的学习行动力，是否能在未来 52 周按时完成学习规划的任务，如果不可以，请调整数量或延长周数，尝试制出一份符合自己的学习规划。

知识链接：

科学的词汇学习不仅要"学新词"，更要"记住它"。心理学中的艾宾浩斯遗忘曲线表明，遗忘在学习后的最初几天最快，因此需要在 1 天、2 天、7 天、30 天等关键节点进行复习，以减缓遗忘速度。

将一个庞大的年度目标拆分成可量化、可执行的每周任务，不仅能减少心理压力，还能通过阶段性成就感促进坚持。

在这个过程中，AI 工具的作用并不是替你去记忆单词，而是帮助你制订高效的计划、优化复习节奏、监测学习进度。这样，你可以把更多精力用于理解单词的含义、掌握用法，并在听说读写中灵活应用。

要记住，AI 只提供路线图与工具，真正的进步来自你每天的坚持与主动学习。

任务 5 使用"文心一言"实现童话创作故事和配图

任务描述：

了解并熟悉"文心一言"工具，通过输入提示词体验 AI 创作童话故事与智能绘图功能，掌握生成文本与图像的基本操作，并完成一个适合 3 岁小朋友的睡前故事创作任务。

（1）在"文心一言"文本框内输入提示词："你是一位童话作家，请创作一篇适合 3 岁小朋友的睡前小故事"，点击提交后获得生成的故事内容。

（2）阅读故事文稿，如不满意，可选择"重新生成"或补充输入提示词，例如"请再增加一些细节，让故事更生动有趣"，直至生成满意的故事。

（3）将定稿的故事内容复制到"智慧绘图"功能的输入框中，提交后等待平台自动生成插画。

任务 5　使用"文心一言"实现童话创作故事和配图

（4）将生成的插画下载保存，并与故事文本一同整理，形成一份图文并茂的童话作品。

实现步骤：

（1）启动"文心一言"网站，单击左侧的"新对话"，输入提示词：

"你是一位儿童童话作家，请创作一篇适合 3 岁小朋友的睡前小故事。"，然后点击提交 ● 按钮，如图 2-17 所示。

图 2-17　输入提示词

（2）提交提示词后，等待平台生成故事内容，如图 2-18 所示。

> 提示：掌握了配图的操作后，可以根据自己的要求，修改指令内容，选择自己想要的配图。

图 2-18　等待平台生成故事内容

31

（3）查阅生成的故事内容，如果感觉不满意，可执行"重新生成"，也可以单击"请再增加一些细节，让·故事更生动有趣。"等文字，如图2-19所示。

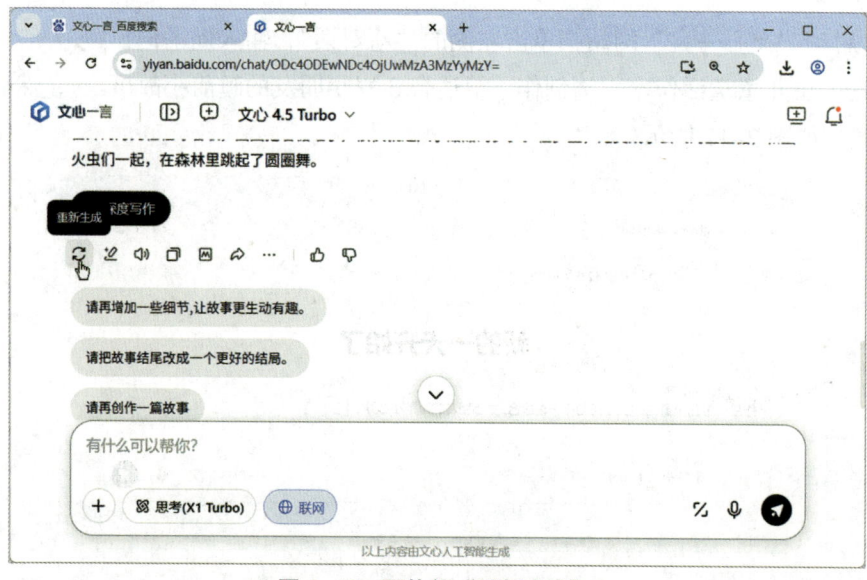

图2-19 可执行"重新生成"

（4）直到对生成的故事内容感觉满意后，请执行"复制"，如图2-20所示。

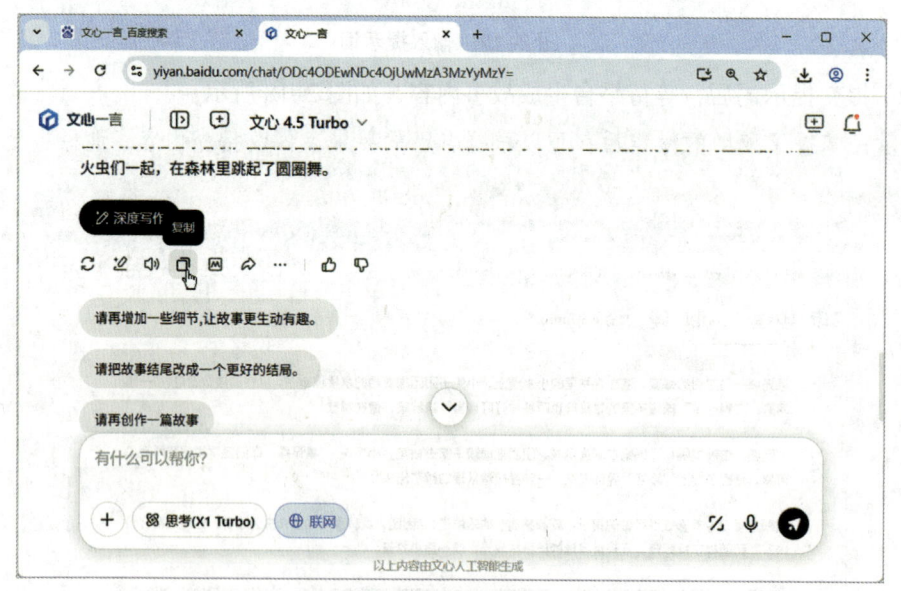

图2-20 请执行"复制"

任务 5 使用"文心一言"实现童话创作故事和配图

（5）点击左上角"文心一言"，回到网站首页，再点击"智慧绘图"，如图 2-21 所示。

图 2-21 再点击"智慧绘图"

（6）把生成的故事内容粘贴到输入框后，再执行"提交"，如图 2-22 所示。

图 2-22 再执行"提交"

（7）等待平台生成绘图后，执行"下载"可以把图像下载到自己需要的位置，如图 2-23 所示。

33

项目2 "文心一言"应用

图2-23 执行"下载"

知识链接：

　　如今的人工智能已具备根据一段文字生成配图的能力：只需输入一段简单描述，例如"夜晚的森林中，一只小兔子仰望着星空"，它便能为你绘制出图像，而且构图、色彩与氛围都十分到位。

　　这听起来颇为神奇，也的确能助力我们将故事以可视化的形式呈现。尤其是在为小朋友创作童话时，图像能让他们更轻松地理解情节、感受氛围。

　　但你是否思考过：AI 真的理解你要讲述的故事吗？

　　它知晓小兔子在仰望星空，却不明白你想要表达的内涵：是孤独、好奇，还是希望？它能够生成画面，却无法描绘出你的心思。它所生成的每一张图都基于你输入的文字，而这些文字，承载着你对故事的想象、你的感受以及你想要传递的情感。

　　所以，关键问题并非"AI 能画出什么"，而是"你期望它画出什么？"。

　　若想让图像真正为故事服务，你就需要清晰地告诉 AI 场景、人物、情绪、动作，甚至是细节与风格——这实际上就是一种"构图思维"与"表达训练"。你表述得越清晰，生成的画面就越契合你心中所想。

　　AI 可以成为你得力的插画助手，但情节的构思、角色的性格，都必须源自你自身。童话不只是讲给孩子听的，它也在考验你：你是否运用自己的想象力，将世界重新讲述了一遍？

项目小结

经过本单元的学习与实践，学生们已经熟练掌握了"文心一言"这一强大工具的基本操作与高级功能，并成功将其应用于多个实际场景中。

在职业规划的制定过程中，学生们不仅学会了如何根据自身情况制定合理的学习计划，还通过"文心一言"的辅助，获得了更加具体和个性化的职业发展方向。

在日记的撰写与翻译任务中，学生们不仅提升了语言表达的准确性和流畅性，还通过"文心一言"的纠错与扩写功能，锻炼了自己的写作能力和跨文化交流能力。

通过制作单词学习规划和使用"童话创作故事和配图"的实现任务，学生们进一步拓宽未来的学习认识，培养创作思路，学会了如何运用技术手段提升中自我技能和丰富自己的作品内容。

拓展练习

一、选择题

1. "文心一言"是百度研发的以下哪一类型的产品？（　　）
   A. 搜索引擎　　　　　　　　B. 人工智能大语言模型
   C. 社交软件　　　　　　　　D. 办公软件

2. 使用"文心一言"进行对话时，需要输入以下哪一项来与其互动？（　　）
   A. 图片　　　　B. 语音　　　　C. 指令　　　　D. 视频

3. 在使用"文心一言"制订职业规划时，首先应进行以下哪一项？（　　）
   A. 直接制订学习计划　　　　　B. 输入个人职业规划的查询
   C. 阅读相关书籍　　　　　　　D. 咨询老师

4. 以下哪一项不是"文心一言"的功能？（　　）
   A. 文本生成　　　B. 视频剪辑　　　C. 文本修改　　　D. 错别字检查

5. "文心一言"的纠错功能可以应用于以下哪一种文稿？（　　）
   A. 小说　　　　B. 日记　　　　C. 诗歌　　　　D. 以上都可以

二、简答题

1. 简述一款智能写作平台的基本功能，它通常包括哪些语言处理能力？
2. 在制定计算机应用专业学生的职业规划时，为什么可以借助智能写作工具辅助构思和表达？

3. 请说明如何使用一款 AI 文本工具进行错别字检查，并在修改过程中保持个人语言风格。

4. 结合日记写作任务，谈谈自动化文本生成与修改功能如何帮助你表达得更清晰、结构更合理？

5. 简述 AI 文本生成功能在实际生活中的几个典型应用场景，并简要说明其优势与局限。

三、任务实践

任务 1　使用"文心一言"撰写一份职业规划

根据自己的兴趣、专业特点，选择一门自己最感兴趣的专业课，并利用"文心一言"写出职业规划的初稿。

任务 2　使用"文心一言"撰写一份感言发言稿

假设自己毕业多年后，在专业领域取得了一定的成就，并被邀请回母校发言。请结合自己的专业特长，使用"文心一言"撰写一份获奖感言文稿。

任务 3　修改指令以实现智能配图创作

参考指令"你是一位儿童童话作家，请创作一篇适合 3 岁小朋友的睡前小故事。"根据你想象的美好童话情景，修改指令，以生成符合自己要求的故事，并进行智能配图。

项目 3　AI 创作 PPT

知识导读

本项目将引领学生探索如何利用 AI 辅助工具高效地创建和编辑 PPT。我们将通过 3 个具体任务，分别学习使用"ChatPPT"自动生成 PPT、使用"DeepSeek"和"天工 AI"生成 PPT，以及使用"轻竹办公"一键生成并编辑 PPT。这些任务旨在提升学生的 PPT 制作效率和质量，同时培养学生利用 AI 技术解决实际问题的能力。

学习目标

1. 知识目标
（1）掌握"ChatPPT"和"轻竹办公"的基本功能和使用方法。
（2）掌握使用 AI 辅助工具自动生成 PPT 的流程。

2. 技能目标
（1）能够使用"ChatPPT"基于 AI 的对话式 PPT 创作服务，创作符合主题的 PPT。
（2）能够将使用"DeepSeek"和"天工 AI"生成 PPT，并进行简单的编辑。
（3）能够使用"轻竹办公"一键生成 PPT，并根据需要选择合适的模板进行编辑。

3. 素养目标
（1）培养对现代技术的敏锐感知和积极应用的态度。
（2）提升利用技术解决实际问题的能力，特别是在 PPT 制作方面的能力。
（3）培养创新思维和审美能力，学会在 PPT 设计中融入个人风格和创意。

项目 3　AI 创作 PPT

任务 1　使用"ChatPPT"自动生成 PPT

任务描述：

使用"ChatPPT"基于 AI 的对话式 PPT 创作服务，创作一个以"求职技巧与策略分享"为主题的 PPT。

（1）进入"ChatPPT"首页，在文本框中输入 PPT 的主题"求职技巧与策略分享"。

（2）单击"免费生成"按钮，启动 AI 创作流程，在对话框的引导下完成 PPT 的创作。

（3）将生成的 PPT 导出，使用 WPS Office 打开导出的 PPT 文档，对其进行编辑以形成实用的 PPT 作品。

实现步骤：

（1）访问"ChatPPT"网站，进入"ChatPPT"首页，在文本框中输入 PPT 的主题"求职技巧与策略分享"，然后单击"免费生成"按钮，如图 3-1 所示。

图 3-1　单击"免费生成"按钮

（2）选择"快速模式·新手初稿"选项，如图 3-2 所示。

图 3-2　选择"快速模式·新手初稿"选项

（3）在"为你生成了3个主题，请选择或修改"对话框中选择"标题2 面试准备与技巧分享"选项，然后单击"确认"按钮，如图3-3所示。

图3-3 单击"确认"按钮

（4）在"请选择你想要的PPT内容丰富度"对话框中单击"中等"按钮，如图3-4所示。

图3-4 单击"中等"按钮

（5）页面中显示"AI创作进行中"提示信息，等待AI创作，如图3-5所示。

图3-5 等待AI创作

项目3 AI 创作 PPT

（6）在"PPT大纲生成完成，请确认"对话框中，单击"使用"按钮，如图3-6所示。

图3-6 单击"使用"按钮

（7）页面中显示"AI创作进行中"提示信息，继续等待AI创作，如图3-7所示。

图3-7 继续等待AI创作

（8）在"参照你的内容，AI为你生成以下主题设计"对话框中，选择其中一种主题后，单击"使用"按钮，如图3-8所示。

图3-8 单击"使用"按钮

（9）在"请选择图片/图标等的生成模式"对话框中，选择"快速模式·AI预设图库"选项，如图3-9所示。

图3-9 选择"快速模式·AI预设图库"选项

（10）页面中显示"AI创作进行中"提示信息，继续等待AI创作，如图3-10所示。

图3-10 继续等待AI创作

（11）页面右侧的对话框出现"创作成功！"提示信息，表明AI创作PPT工作完成，如图3-11所示。

图3-11 出现"创作成功！"提示信息

项目 3　AI 创作 PPT

（12）单击"下载导出"按钮，选择"PPTX 文件（可编辑）"选项，如图 3-12 所示。

图 3-12　选择"PPTX 文件（可编辑）"选项

（13）弹出"导出下载 PPTX 文件"对话框，等待下载完成即可，如图 3-13 所示。

图 3-13　等待下载完成

（14）下载完成后，使用 WPS Office 打开文件，随后可以对 PPT 内容进行编辑，如图 3-14 所示。

图 3-14　对 PPT 内容进行编辑

任务2 使用"DeepSeek"和"天工 AI"生成 PPT

知识链接：

AI 技术在 PPT 制作中的自动化与智能化

如今，AI 技术已能够协助我们完成制作一份 PPT 的大部分工作。我们只需输入一个主题，比如"求职技巧与策略分享"，它就能自动生成内容框架、梳理逻辑层次，甚至搭配合适的图表、配色和排版，让 PPT 看上去既清晰又美观。

这种自动化与智能化能力，主要体现在三个方面：

1. 内容自动生成：输入关键词，AI 就能自动构建 PPT 的大纲和要点，减轻人工整理的负担。

2. 智能设计排版：根据内容结构自动安排页面布局、字体与配色，使整体更显专业。

3. 个性化定制：允许用户选择不同的模板、图标与风格，让 PPT 更符合展示需求。

听起来十分完美，对吧？但问题在于：自动化的结果是否是你真正想表达的内容？例如，它给出的"求职技巧"是否是你在实际经历中遇到的问题？它安排的结构是否符合你听众的接受习惯？这些都不是 AI 能够替你判断的。

一份 PPT 真正的价值，不在于"生成速度有多快"，而在于"你是否真正思考了你要传达的内容"。页面可以自动排版，但讲稿需要你逐字逐句地斟酌；配图可以自动添加，但逻辑必须由你亲自构建。

AI 是节省时间的得力助手，但并非省去思考的借口。自动化让你"更快地开始"，而非"更快地完成"。真正让内容站得住脚的，是你的理解、判断和表达。

任务2 使用"DeepSeek"和"天工 AI"生成 PPT

任务描述：

（1）使用"DeepSeek"生成主题为"AIGC"的文本内容。

（2）把文本内容上传到"天工 AI"生成一份 PPT。

（3）下载生成的 PPT 文档。

实现步骤：

（1）访问"DeepSeek"网站，在文本框中输入创建 PPT 的详细要求，如输入"我要编写一个 AIGC 相关知识的 PPT，帮我写一个 PPT 内容"，输入完成后单击 ↑ 按钮进行提交，如图 3-15 所示。

项目 3　AI 创作 PPT

图 3-15　输入创建 PPT 的详细要求

（1）等待"DeepSeek"生成 PPT 文字内容，如图 3-16 所示。

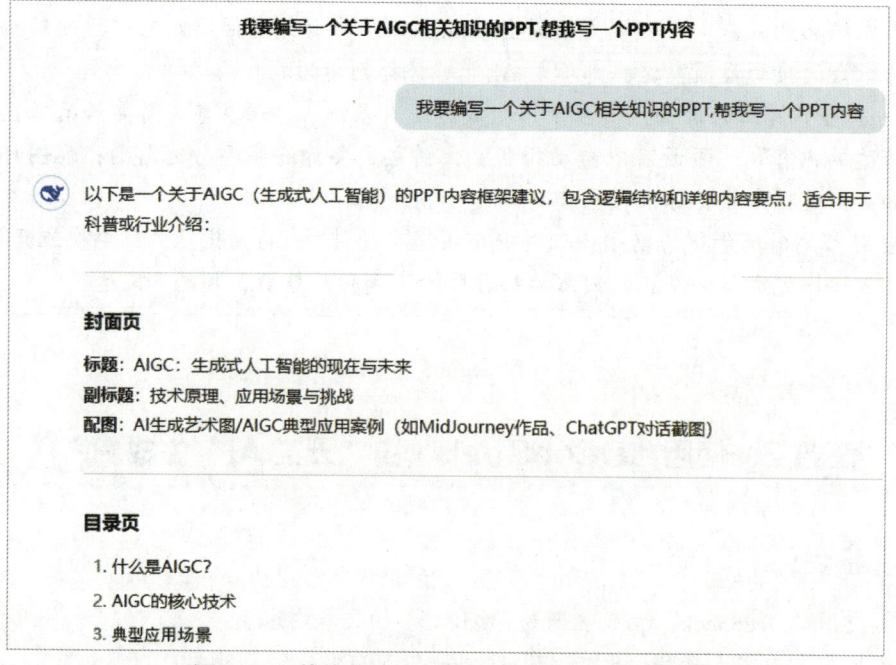

图 3-16　等待"DeepSeek"生成 PPT 文字内容

（3）将"DeepSeek"生成的文字内容复制到记事本文件中，保存为指定的文件名，例如，将文件保存为"AIGC 的 PPT 内容 .txt"文件，如图 3-17 所示。

提示：将文字内容复制到记事本文件中，可以去除原本的文本格式。

44

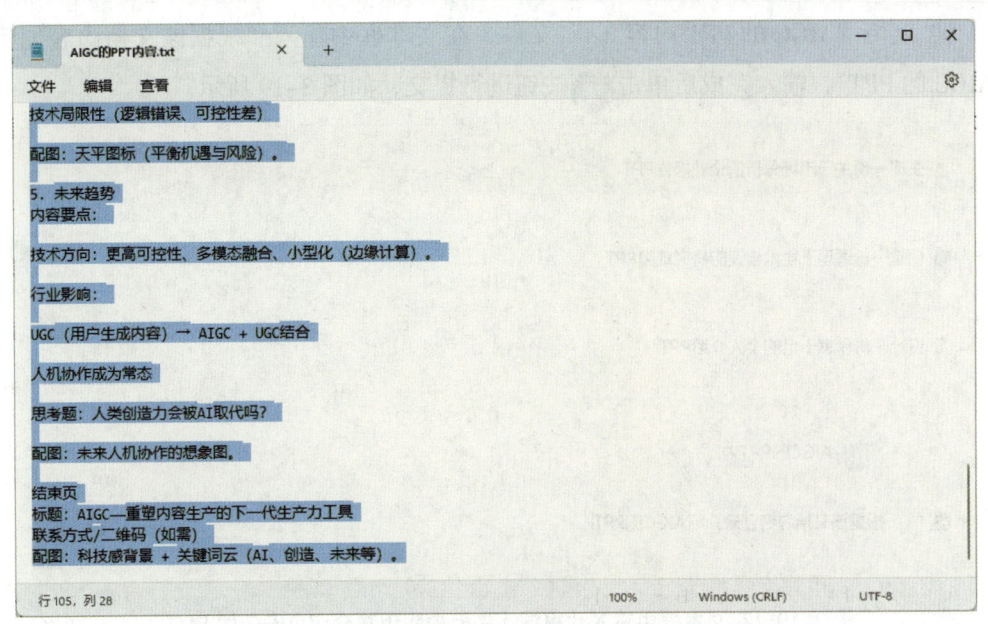

图 3-17 将文件保存为"AIGC 的 PPT 内容 .txt"文件

（4）访问"天工 AI"网站，选择左侧导航栏中的"AI PPT"选项，然后单击页面右下角的"上传文件"按钮，如图 3-18 所示。

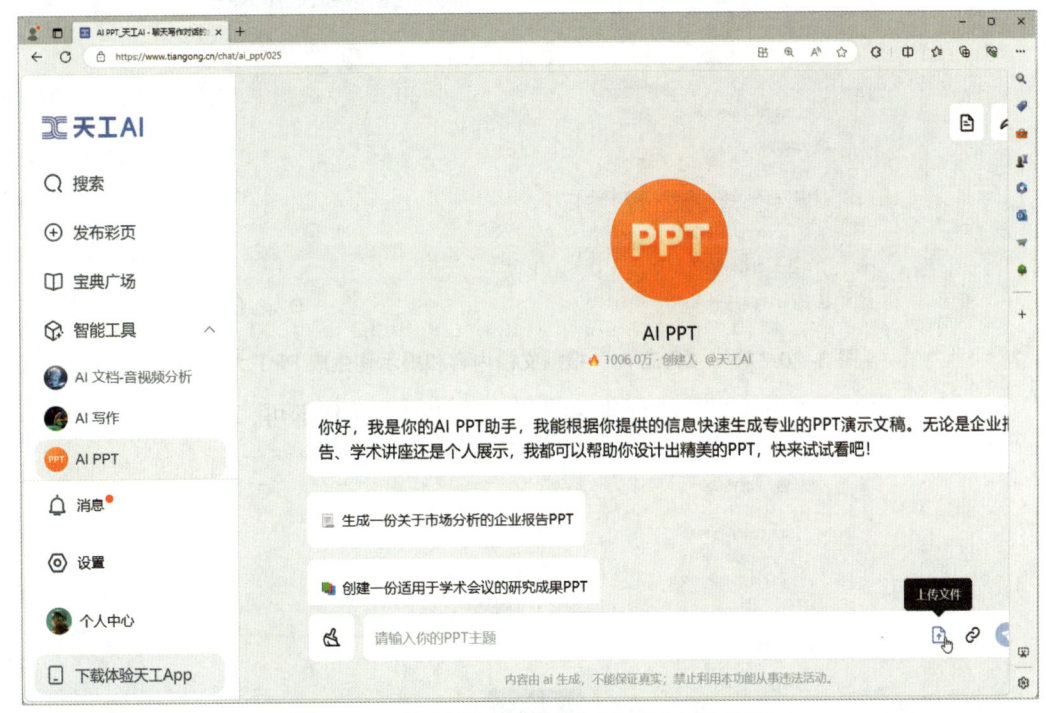

图 3-18 单击页面右下角的"上传文件"按钮

45

项目 3　AI 创作 PPT

（5）上传"AIGC 的 PPT 内容 .txt"文件，在文本框中输入"根据该文档内容创建介绍 AIGC 的 PPT"，输入完成后单击 按钮进行提交，如图 3-19 所示。

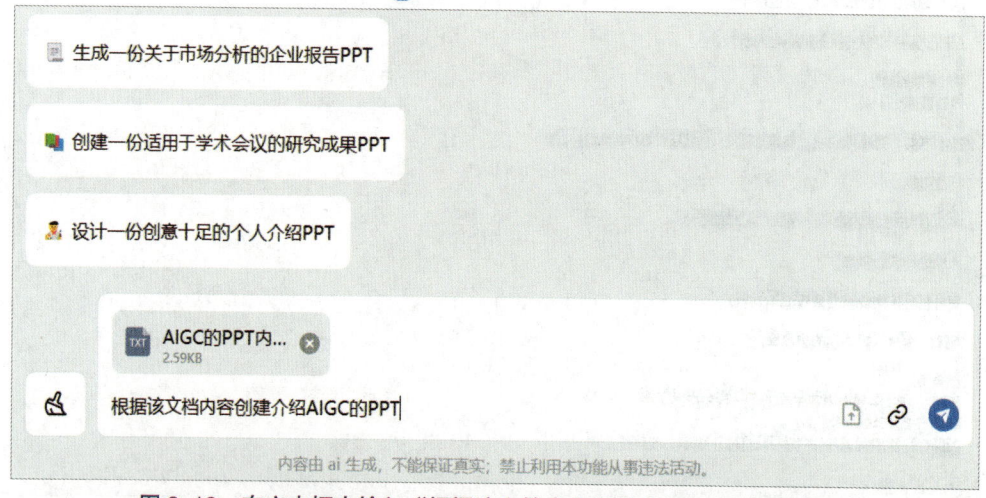

图 3-19　在文本框中输入"根据该文档内容创建介绍 AIGC 的 PPT"

（6）等待"天工 AI"根据文档内容和提示词生成 PPT 大纲，如图 3-20 所示。

图 3-20　等待"天工 AI"根据文档内容和提示词生成 PPT 大纲

（7）若不需要"添加章节"，则直接单击"生成 PPT"按钮即可，如图 3-21 所示。

图 3-21　单击"生成 PPT"按钮

46

任务 2 使用"DeepSeek"和"天工 AI"生成 PPT

（8）在"选择模板"窗口中，选定主题颜色、主题场景、设计风格，然后单击"生成 PPT"按钮，如图 3-22 所示。

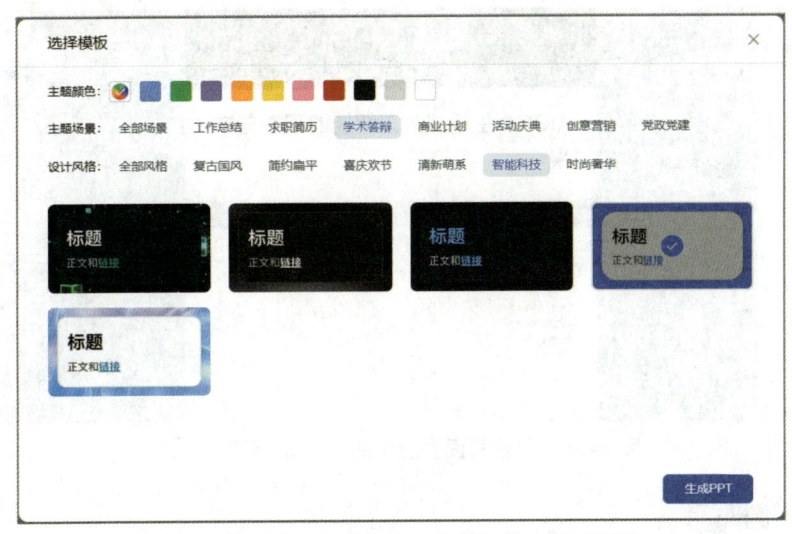

图 3-22 选定主题颜色、主题场景、设计风格

（9）等待"天工 AI"生成 PPT，如图 3-23 所示。

图 3-23 等待"天工 AI"生成 PPT

（10）生成 PPT 完成后，单击页面右上角的"下载 PPT"按钮，选择".pptx"选项，即可获取 PPT 文档，如图 3-24 所示。

47

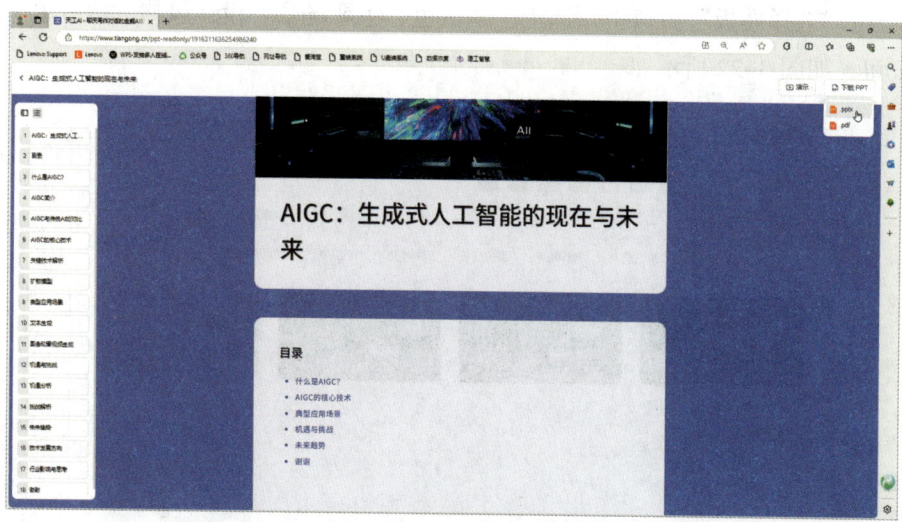

图 3-24　单击页面右上角的"下载 PPT"按钮

知识链接：

AI 技术在 PPT 制作中的效率提升

1. 快速迭代与优化

在利用 AI 生成 PPT 时，可以选择不同的模板，AI 能够快速地生成多个版本的 PPT。

2. 跨平台协作

AI 生成的 PPT 可以兼容多种平台，如 WPS、Office 等，以实现跨平台协作和编辑，从而提高团队的工作效率和协作效果。

3. 智能分析与反馈

AI 还能够对 PPT 的内容、结构和效果进行智能分析，并对此提供有针对性的反馈和建议，以帮助用户更好地优化 PPT。

如今，许多人会选择将不同的工具组合使用，例如先借助 DeepSeek 进行内容构思，再交由天工 AI 完成设计与排版。这种"多工具协作"的方式，正逐渐成为提升创作效率与质量的新潮流。

AI 技术的显著优势在于能够快速生成内容并进行反复优化。你可以轻松地切换不同模板，尝试多个版本，甚至对比不同风格的演示逻辑，从而迅速找到更为合适的呈现方式。此外，大多数由 AI 生成的文稿或 PPT 都支持在 WPS、Office 等平台上继续编辑，这为团队协作和反复修改提供了极大的便利。

然而，真正值得我们关注的并非仅仅是使用工具的数量，而是在使用过程中，能否发现各个工具的优缺点，并实现优势互补。比如：

1. 哪个工具生成的内容结构更为清晰？
2. 哪个工具在视觉呈现方面表现更佳？

3. 内容是应该先进行优化，还是先进行美化处理？

4. 哪些步骤必须由人工进行检查？哪些步骤可以让AI先完成初稿？

使用多个工具，并非是随意地将任务分配出去，而是要清楚地知道哪个工具在特定任务上表现最为出色。学会在不同工具之间搭建"桥梁"，本身就是一种能力的体现。它考验的是你的分析能力、判断能力和策略性思维。在未来的工作中，这些能力与掌握某一种工具的使用方法一样重要。

任务3　使用"轻竹办公"生成PPT

任务描述：

使用"轻竹办公"一键生成并编辑以"人工智能应用工具"为主要内容的PPT。

（1）访问"轻竹办公"网站。

（2）在文本框中输入PPT主题"介绍人工智能应用工具"，使用"一键生成"功能，由AI生成PPT内容。

（3）根据页面选择合适的PPT模板，学会将AI提供的模板应用到PPT演示文稿的设计中。

实现步骤：

（1）访问"轻竹办公"网站，进入网站首页，在文本框中输入"介绍人工智能应用工具"，然后单击"一键生成"按钮，如图3-25所示。

图3-25　单击"一键生成"按钮

（2）页面中显示"AI 生成中…"的提示信息，等待 AI 生成，如图 3-26 所示。

图 3-26 等待 AI 生成

（3）在"点击下方文字编辑内容"对话框中，单击"生成 PPT"按钮，如图 3-27 所示。

图 3-27 单击"生成 PPT"按钮

（4）生成的 PPT 效果如图 3-28 所示。

图 3-28　生成的 PPT 效果

（5）选择其中一张 PPT 页面，单击"换个模板"按钮，即可使用一个新的随机模板，如图 3-29 所示。

图 3-29　单击"换个模板"按钮

（6）观察模板效果，若不满意，则可再次单击"换个模板"按钮，直至出现合适的模板，如图 3-30 所示。

图 3-30　再次单击"换个模块"按钮

项目3 AI创作PPT

（7）在更换模板的过程中，能够观察到模板不同但显示相同内容的PPT页面，从而学习设计PPT页面常见的模板。若需要下载PPT文档，可以单击页面右上角的"下载PPT"按钮，如图3-31所示。

> 提示：因会员限制，在非工作需要时，可以不下载PPT，而是使用AI推荐的模板另行编辑自己的PPT内容。

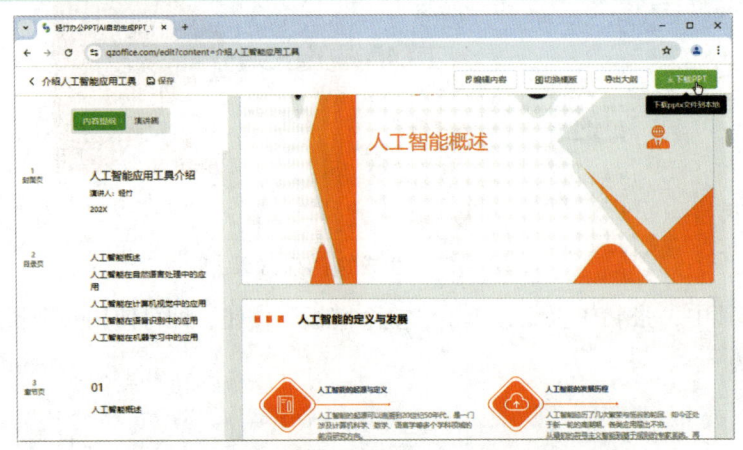

图3-31 单击页面右上角的"下载PPT"按钮

知识链接：

PPT制作与编辑技巧

1. PPT内容策划与结构搭建

（1）在制作PPT之前，明确主题和目标受众，策划内容结构和逻辑顺序。

（2）使用清晰的标题来划分PPT的章节和要点，确保观众能够快速理解内容。

（3）合理安排PPT的页数，避免过多或过少，确保内容充实且易于理解。

2. PPT设计与美化

（1）选择合适的模板和配色方案，使PPT整体风格统一且美观。

（2）利用图片、图表、动画等元素来增强PPT的视觉效果和吸引力。

（3）注意字体大小和颜色搭配，确保文字清晰可读，同时与整体风格相协调。

（4）在编辑PPT时，注意排版和布局，保持页面整洁、有序。

你是否思考过，一份PPT实际上就如同你在"说话"，只不过采用的是图片、文字的形式。AI能够为你搭建一个基础框架，例如一键生成内容、套用模板、进行排版等。然而，你想要表达的内容以及想要打动的对象，都需要你自己"阐述清晰"。

制作一份有思想的PPT，绝非仅仅"点击生成"那么简单。在"轻竹办公"这类AI工具中，你能够迅速创建一份主题为"人工智能应用工具"的演示文稿。但请记住，真正能够打动人的，从来都不是模板，而是你所表达的内容。同学们要牢记，无论工具使用得多么快捷，都无法替代你认真思考。要让一份PPT真正"发声"，你就得先把自己的想法梳理清楚、表达清晰。

项目小结

通过本项目的学习，学生掌握了利用 AI 辅助工具高效创建和编辑 PPT 的方法。从使用"ChatPPT"自动生成 PPT，到使用"DeepSeek"和"天工 AI"生成 PPT，再到使用"轻竹办公"一键生成并编辑 PPT，学生逐步提升了制作 PPT 的效率和质量。

在 PPT 制作过程中，学生可以更加自信地使用这些 AI 工具，快速制作出高质量的 PPT 作品。同时，学生也应保持对新技术的学习和探索精神，不断提升自己的技能和素养。

拓展练习

一、选择题

1. 在使用"ChatPPT"生成 PPT 时，首先需要做什么？（　　）
   A. 选择 PPT 风格　　　　　　　　　B. 输入 PPT 主题
   C. 上传 Word 文档　　　　　　　　D. 选择图片/图标生成模式

2. 在使用"ChatPPT"时，选择"快速模式·新手初稿"选项是为了什么？（　　）
   A. 生成更复杂的 PPT　　　　　　　B. 生成更简单的 PPT
   C. 为新手提供更容易上手的选项　　D. 快速生成大量 PPT

3. 在"为你生成了 3 个主题，请选择或修改"对话框中，用户应该做什么？（　　）
   A. 修改所有主题　　　　　　　　　B. 选择一个主题
   C. 忽略对话框，继续下一步　　　　D. 等待 AI 自动选择

4. 在"选择 PPT 内容丰富度"对话框中，选择"中等"选项意味着什么？（　　）
   A. PPT 将包含非常详细的内容　　　B. PPT 将包含适量的内容
   C. PPT 将非常简洁　　　　　　　　D. PPT 将不包含任何图片

5. 在使用"ChatPPT"时，选择"快速模式·AI 预设图库"选项是为了什么？（　　）
   A. 自定义图片和图标
   B. 从 AI 预设的图库中选择图片和图标
   C. 上传自己的图片和图标
   D. 不使用任何图片和图标

二、简答题

1. 在使用"ChatPPT"自动生成 PPT 的过程中，首先需要做什么？
2. 如何利用 AI 创作 PPT？
3. "轻竹办公"具有的"一键生成"功能是如何工作的？

项目 4 "有言" AIGC 式视频生成

知识导读

本项目旨在通过一系列任务，引导学生掌握在"有言"网站上进行 3D 视频创作的基本流程和高级技巧。从创建简单的横屏作品、更换主播人物并自动生成脚本，到自创人物、使用画中画技术创作视频，再到应用视频包装提升视频质量，每个任务都旨在提升学生的数字素养和创意表达能力。

通过实践操作，学生能够熟悉"有言"网站的 AI 创作视频的操作流程，掌握 3D 视频创作的关键技能，并能够创作出具有个人特色的视频作品。

学习目标

1. 知识目标

（1）熟悉"有言"网站的基本功能和操作页面。
（2）理解 3D 效果生成的基本原理和步骤。
（3）熟悉主播人物选择、场景模式设置、产品信息输入等视频创作流程。
（4）了解"画中画"、动作效果等在视频创作技术中的应用。

2. 技能目标

（1）掌握在"有言"网站上创建横屏作品、添加视频和脚本内容的方法。
（2）学会根据主题选择合适的主播人物和场景模式，并生成相应的脚本。
（3）掌握自创 3D 人物的方法，包括模型选择、套装更换、颜色调整、发型选择、配饰添加等。
（4）掌握视频包装的基本技巧，包括字幕模板、音频素材、贴纸和片头的添加与调整。

3. 素养目标

（1）培养学生的创新思维和创意表达能力，通过视频创作展现个人特色。
（2）提升学生的数字素养，熟悉并掌握数字工具在视频创作中的应用。
（3）引导学生关注社会热点和流行趋势，将视频创作与社会实践相结合。

任务 1　使用"有言"创作 3D 视频

任务描述：

在"有言"网站上创建一个包含视频和脚本内容的横屏作品，并通过平台生成 3D 效果，然后将其导出到个人空间，最终编辑成片标题并将作品下载到本地。

（1）访问"有言"网站，新建作品。

（2）选择"横屏"选项作为作品的方向设置。

（3）在"大舞台"选区选中或上传一段视频。

（4）输入视频脚本："大家好，我是数字人，我拥有先进的自然语言处理能力和深度学习算法驱动的智能大脑，能够流畅地与人类进行交互，理解复杂对话中的微妙含义，并给出恰当、富有洞察力的回应。"

（5）生成 3D 效果。

（6）将作品导出到个人空间。

（7）下载视频。

实现步骤：

（1）访问"有言"网站，进入首页，单击"开始创作"按钮，如图 4-1 所示。

图 4-1　单击"开始创作"按钮

（2）单击页面右上角的"新建作品"按钮，如图 4-2 所示。

项目 4 "有言" AIGC 式视频生成

图 4-2 单击页面右上角的"新建作品"按钮

（3）在"新建作品"对话框中，单击"横屏"按钮，如图 4-3 所示。

图 4-3 单击"横屏"按钮

（4）在"大舞台"选区选中一段视频，在右边的文本框中输入视频脚本，如图 4-4 所示。

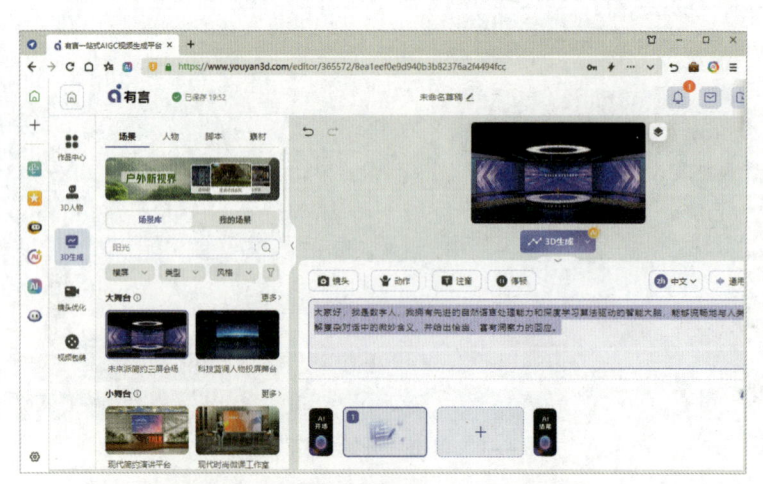

图 4-4 在右边的文本框中输入视频脚本

（5）单击"3D 生成"按钮，如图 4-5 所示。

图 4-5　单击"3D 生成"按钮

（6）单击页面右上角的"导出"按钮，若出现提示框，则可单击"下一步"按钮，如图 4-6 所示。

图 4-6　单击"下一步"按钮

（7）再次单击页面右上角的"导出"按钮，如图 4-7 所示。

图 4-7　再次单击页面右上角的"导出"按钮

项目4 "有言"AIGC式视频生成

（8）在"导出至个人空间"对话框中，单击"确认"按钮，如图4-8所示。

图4-8 单击"确认"按钮

（9）在"个人空间"页面的"成片"选项卡中，会显示"合成队伍排队中"的提示信息，等待其合成成功，如图4-9所示。

图4-9 显示"合成队伍排队中"的提示信息

（10）成片成功合成后，在成片下方的文本框中输入成片的标题，如图4-10所示。

图4-10 在成片下方的文本框中输入成片的标题

（11）单击成片作品右上角的"…"按钮，在弹出的菜单中选择"下载视频"选项，将需要的视频文件下载到本地使用，如图4-11所示。

图4-11 选择"下载视频"选项

> **知识链接：**

"有言"平台

"有言"平台是一个富有创新性的3D视频创作平台，它将3D艺术、生成式人工智能和电影级动画结合到一个简便易操作的在线平台中，打造了一个简便易操作的在线创作环境。该平台旨在简化视频创作流程，并引入了一系列创新功能，使用户能够在短时间内创作出专业级别的视频作品。该平台具有以下几方面核心功能。

（1）海量3D虚拟角色库。

"有言"提供了大量高质量的超写实3D虚拟人角色，用户可以根据视频的主题和风格选择合适的虚拟角色，免去了真人出镜的要求。

（2）一键生成3D内容。

用户仅需输入文字，平台即可基于先进的AIGC技术自动生成相应的3D动画、形象和场景，极大地加快了视频制作的初步构建过程。

（3）自定义编辑功能。

平台生成的3D内容可以进行详细的自定义编辑，包括调整镜头、角色动作、表情等，以满足用户的个性化需求。

（4）后期包装工具。

"有言"提供了一系列后期包装工具，如添加字幕模板、文字模板、贴纸动效、背景音乐和制作片头片尾等，这使得视频更具吸引力和专业感。

在传统视频创作中，一部作品通常需要编剧、演员、摄影、剪辑等多个岗位共同协作完成。而如今，借助"有言"这类AI平台，即使是零基础的初学者，只需一段文字，也能快速生成3D视频作品。这种"脚本驱动的视频生产"模式极大地降低了创作门槛,但同时也引发了更深层次的思考。

　　AI 让创作变得更简单,用户只需输入文字,系统就能自动将其转化为语音,匹配 3D 角色动作、场景与配乐,完成从"文字到视频"的一键生成过程。同时,平台提供字幕、贴纸、片头片尾等后期功能,实现完整的视频包装。

　　但"做得出来"不等于"讲得动人",AI 能帮你呈现内容,但一个真正有感染力的视频,需要思考三个问题:我想对谁说?我想表达什么?我怎样才能让别人产生共鸣?视频的构图、节奏、语言、角色,不只是装饰,而应服务于你的表达目的。

　　技术越强大,责任越重要。在使用虚拟人视频生成工具时,我们必须注意:

　　1. 不伪造身份,不制造误导信息。
　　2. 不传播不当内容,注意创作边界。
　　3. 真实表达思想,而不是机械套用模板。

　　真正优秀的创作者,不仅要会用 AI 工具,更要借助技术,展现自己的创意、判断与情感。

任务 2　更换主播人物并自动生成脚本制作视频

任务描述:

　　访问"有言"网站,创建一个关于"自行车运动"的短视频作品,该过程包括选择推荐人物、生成特定主题的脚本、设置场景模式并输入相关产品信息。随后使用 AI 生成脚本,调整并应用脚本至视频,最后进行 3D 生成、预览并导出视频至个人空间。

（1）访问"有言"网站并新建作品。
（2）在"人物"选项卡中,选择一个合适的人物模型作为主播人物。
（3）在"场景模式"选项卡中,完善各项信息。
（4）在"脚本字数"文本框中输入"300 字左右（约 1 分钟短视频）"。
（5）把视频导出至个人空间,并将视频命名为"自行车运动视频"。

实现步骤:

（1）访问"有言"网站,进入首页,单击"新建作品"按钮,如图 4-12 所示。

任务 2　更换主播人物并自动生成脚本制作视频

图 4-12　单击"新建作品"按钮

（2）在"人物"选项卡中，选中其中一个推荐人物，如图 4-13 所示。

图 4-13　选中其中一个推荐人物

（3）单击选中的推荐人物，将人物应用到视频中，如图 4-14 所示。

图 4-14　将人物应用到视频中

（4）在"脚本"选项卡中的文本框中，输入"介绍自行车运动"，若显示"暂无脚本，去生成脚本"提示信息，则单击底部的"Ai 生成脚本"按钮，如图 4-15 所示。

61

图 4-15　单击底部的"Ai 生成脚本"按钮

（5）在"产品种草"选项卡中完善"产品类目""种草类型""产品名称""品牌名称""产品卖点"等信息，确保信息填写准确、完整，如图 4-16 所示。

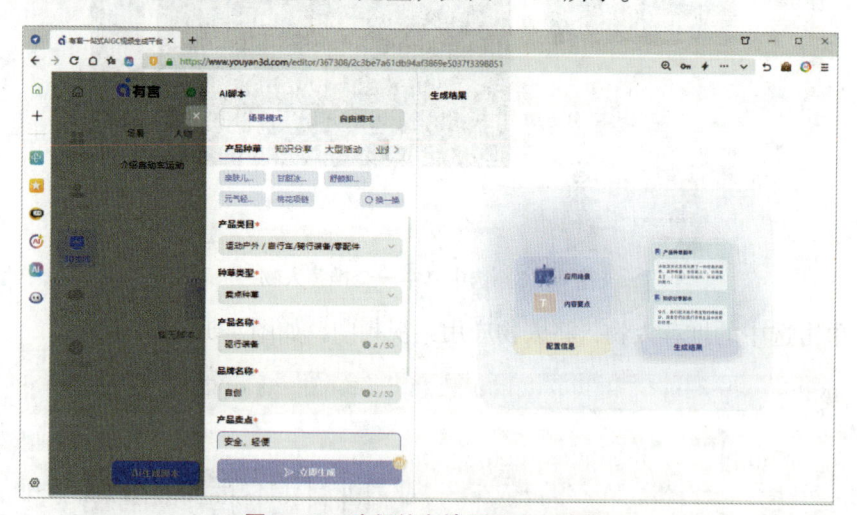

图 4-16　确保信息填写准确、完整

（6）在"脚本字数"文本框中输入"300 字左右（约 1 分钟短视频）"，单击"立即生成"按钮，如图 4-17 所示。

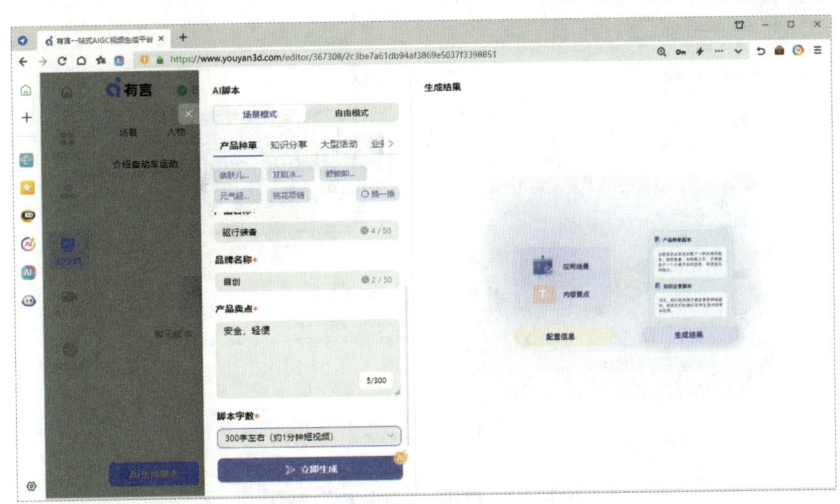

图 4-17 单击"立即生成"按钮

（7）在 AI 完成脚本的生成后，在生成的脚本下方，单击"应用"按钮，如图 4-18 所示。

提示：若不满意脚本内容，可以单击"重新生成"按钮，AI 将会再次自动生成一份新的脚本。

图 4-18 单击"应用"按钮

（8）单击"3D 生成"按钮，如图 4-19 所示。

图 4-19　单击 "3D 生成" 按钮

（9）视频生成后，可以试播视频，若感觉满意则单击 "导出" 按钮，如图 4-20 所示。

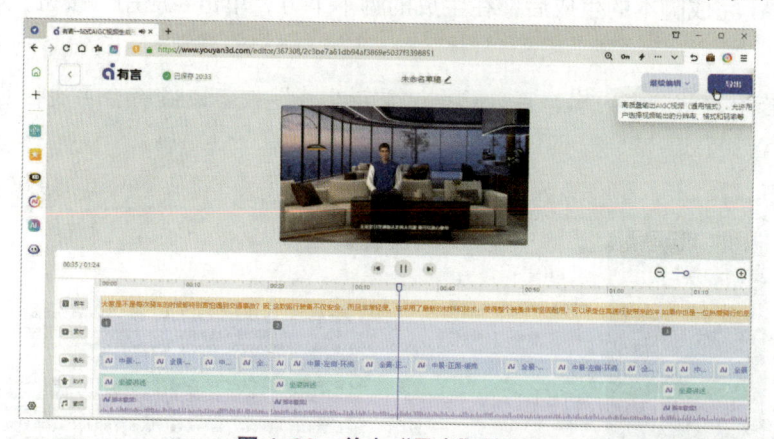

图 4-20　单击 "导出" 按钮

（10）在 "导出至个人空间" 对话框中，在 "视频名称" 文本框中输入 "自行车运动视频"，如图 4-21 所示。

图 4-21　在 "视频名称" 文本框中输入 "自行车运动视频"

（11）等待视频合成达到 100%，如图 4-22 所示。

图 4-22　等待视频合成达到 100%

（12）视频合成后，选择"个人空间"选项可以查看所有视频作品，如图 4-23 所示。

图 4-23　选择"个人空间"选项

> **知识链接：**
>
> **数字人技术**
>
> 　　数字人（Virtual Human）是指通过计算机技术生成的、具有人类外貌和行为的虚拟形象。数字人技术结合了计算机图形学、人工智能、动画、语音合成等多种技术，能够模拟人类的动作、表情和语音，并与观众进行自然互动。在本例中，数字人作为视频的主角，还展示了其先进的自然语言处理能力和深度学习算法驱动的"智能大脑"。
>
> 　　在创作中，数字人并不仅仅是一个"会说话的模型"，而且是一个可被赋予性格、背景和情感的角色。不同的外形、语气和动作，会让观众对它产生完全不同的印象。例如，同样的产品介绍，如果由一位幽默风趣的数字人来讲，效果可能会比一本正经

项目 4 "有言"AIGC 式视频生成

的风格更轻松亲近。

因此，创作者不仅要会"选择"数字人，还要学会"塑造"数字人：
1. 让外形、服饰与主题相契合。
2. 通过脚本赋予人物鲜明的性格。
3. 调整语气、动作和节奏，让表演自然流畅。
4. 确保数字人的表现与画面、配乐、节奏协调一致。

AI 可以高效完成建模、驱动、口型匹配等技术环节，但角色的特点依然来自创作者的构思。就像导演指导演员一样，你的任务是确保数字人的"表演"能够准确传达你想表达的情感与信息，让技术成为故事的助推器，而不是唯一主角。

任务 3　自创 3D 人物

任务描述：

使用"有言"创建一个自定义的 3D 人物，该过程包括选择人物模型、更换套装、调整套装颜色、选择发型、添加配饰和妆容，以及最终命名并保存这个人物。

（1）访问"有言"网站，选择"最近作品"选项。

（2）选择一款推荐的 3D 人物模型，为人物更换套装、调整套装颜色、调整发型、添加配饰。

（3）最后创建并命名人物。

实现步骤：

（1）访问"有言"网站，进入首页，单击"开始创作"按钮，如图 4-24 所示。

图 4-24　单击"开始创作"按钮

（2）选择"最近作品"选项，如图 4-25 所示。

图 4-25　选择"最近作品"选项

（3）选择"3D人物"选项，在"推荐人物"选区中选择其中一款推荐人物，如图4-26所示。

图 4-26　选择其中一款推荐人物

（4）在"套装"选项卡中，选择其中一款套装，给人物换上新的套装，如图4-27所示。

图 4-27　给人物换上新的套装

67

（5）在"套装"选项卡中的"颜色"下拉菜单中，选择一种颜色，如选择"红色"选项，如图4-28所示。

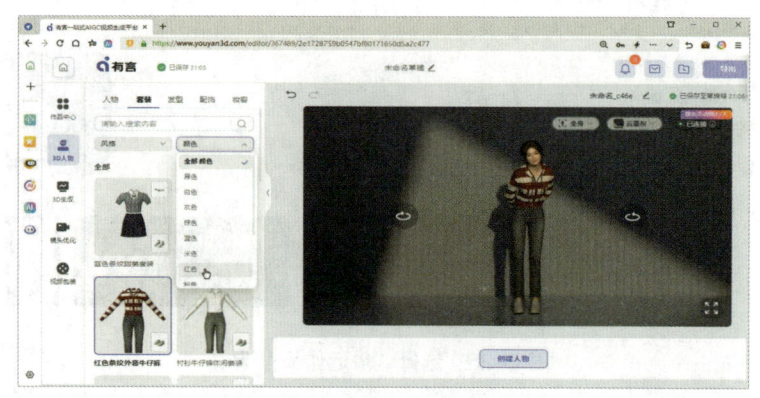

图4-28　选择"红色"选项

（6）选择"红色"选项后，在各种红色套装中选中一款，如图4-29所示。

提示：可以通过更改"颜色"下拉菜单和"风格"下拉菜单中的选项，选择合适的套装。

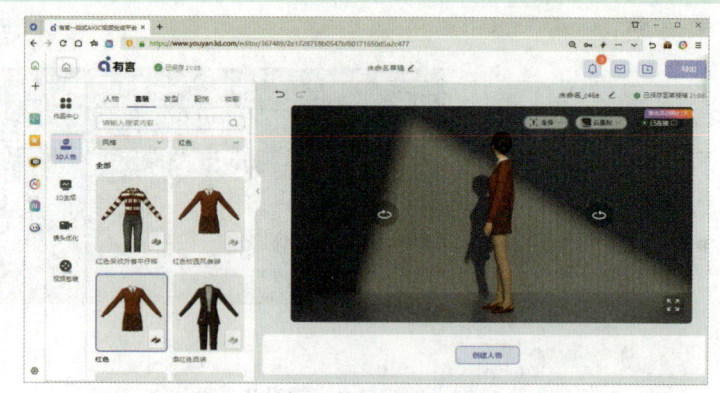

图4-29　在各种红色套装中选中一款

（7）选择"发型"选项卡，如图4-30所示。

图4-30　选择"发型"选项卡

（8）为人物选择合适的发型，如图4-31所示。

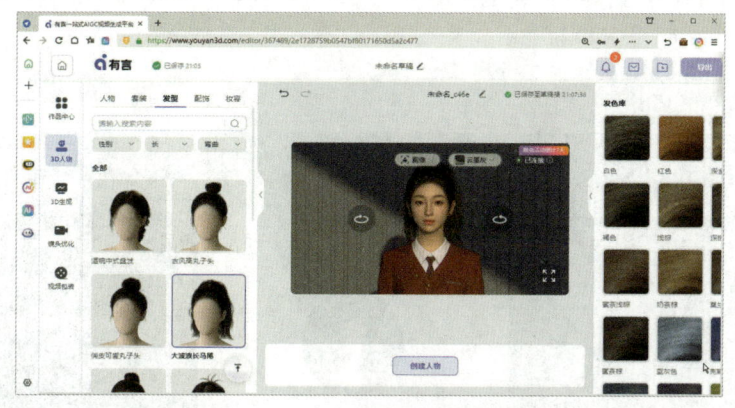

图4-31　为人物选择合适的发型

（9）选择"配饰"选项卡，为人物选择适配的眼镜和耳饰，如图4-32所示。

图4-32　为人物选择适配的眼镜和耳饰

（10）选择"妆容"选项卡，为人物选择精致的妆容，然后单击"创建人物"按钮，如图4-33所示。

图4-33　单击"创建人物"按钮

（11）在"人物名称"文本框中输入"红衣眼镜主播"，随后单击"创建"按钮，如图4-34所示。

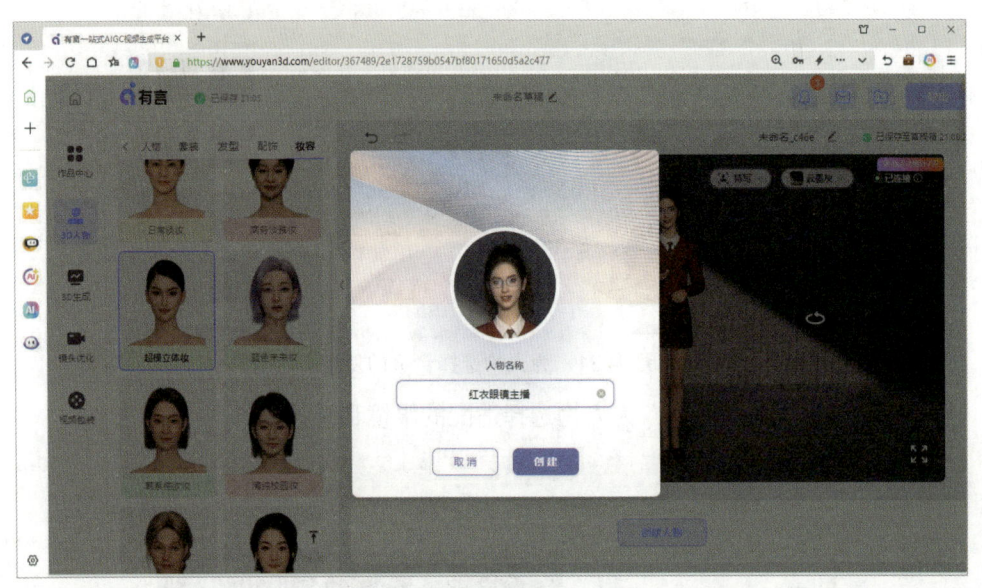

图4-34 单击"创建"按钮

（12）在"创建成功"对话框中，单击"去查看"按钮，如图4-35所示。

图4-35 单击"去查看"按钮

（13）在"我的人物"选项卡中，可以查看自己创建的3D人物，如图4-36所示。

任务3　自创 3D 人物

图 4-36　查看自己创建的 3D 人物

知识链接：

3D 建模技术

3D 建模是指通过专业软件（如"Maya""3Ds Max""Blender"等）创建三维物体。在本任务中，虽然用户是在"有言"网站上通过预设选项进行 3D 人物的定制的，但背后依然涉及了 3D 建模技术。用户所看到的 3D 人物模型、套装、发型等都是基于 3D 建模技术创建的。

角色设计

角色设计是动画、游戏、电影等视觉媒体制作中不可或缺的一环。它包括人物的外貌、服装、性格等方面的设定。在本任务中，用户所进行的选择人物模型、更换套装、调整颜色、选择发型、添加配饰和妆容等步骤，实际上是在进行一种简化版的角色设计。

角色设计并非仅仅追求"美观"，更重要的是要"利于叙事"。外貌、服饰、色彩、发型、配饰，每一处细节都能够展现角色的性格与背景。例如：

1. 冷色系服装搭配简约饰品，可能让人觉得干练、理性。
2. 暖色系搭配夸张配饰，则显得活泼、有感染力。
3. 柔和的发型与浅色套装，可以营造亲和、温柔的气质。

AI 和素材库提供了无数可能，但人物的气质和个性，必须由你赋予。想一想：这个角色是谁？来自哪里？有什么性格？在作品中承担什么使命？这些问题被回答后，角色才会真正"活"起来。

项目 4 "有言" AIGC 式视频生成

任务 4　使用"画中画"技术创作视频

任务描述：

在"有言"网站上使用"画中画"、动作效果等技术进行视频创作，该过程包括新建作品、选择横屏模式、添加素材实现"画中画"、输入脚本、添加动作效果（给人物添加指定动作）、生成 3D 视频后预览视频效果，以及最终导出生成的视频文件。

（1）访问"有言"网站，开始创建新的视频项目。
（2）设置视频为横屏模式。
（3）添加素材"视频样例素材 –08"。
（4）输入脚本，脚本内容自行定义。
（5）选择"拱手礼 30 S"动作，将其添加到脚本前面。
（6）生成并导出 3D 视频。

实现步骤：

（1）访问"有言"网站，进入首页，单击"开始创作"按钮，进入主页面后，再单击页面右上角的"新建作品"按钮，如图 4–37 所示。

图 4–37　单击页面右上角的"新建作品"按钮

（2）单击"横屏"按钮，如图 4–38 所示。

72

任务 4　使用"画中画"技术创作视频

图 4-38　单击"横屏"按钮

（3）选择"素材"选项卡，如图 4-39 所示。

图 4-39　选择"素材"选项卡

（4）选择素材"视频样例素材 -08"，将其添加到片段中，如图 4-40 所示。

图 4-40　选择素材"视频样例素材 -08"

73

（5）输入脚本，如图 4-41 所示。

图 4-41　输入脚本

（6）单击"动作"按钮，选择其中一个动作，如"拱手礼 30 S"动作，如图 4-42 所示。

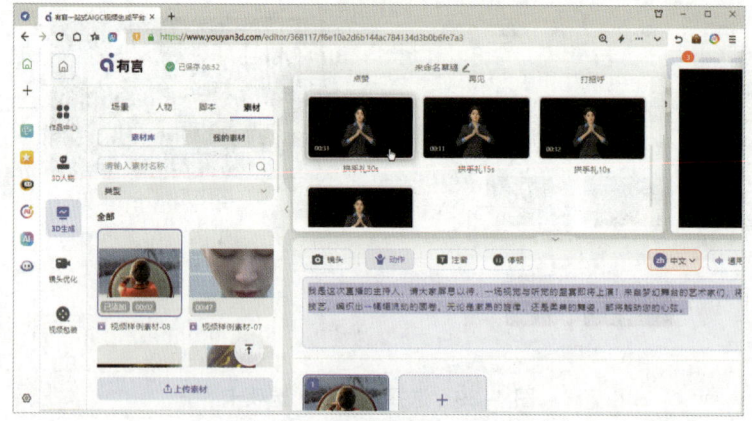

图 4-42　选择其中一个动作

（7）将"拱手礼 30 S"动作添加在脚本前面，然后单击"3D 生成"按钮，如图 4-43 所示。

图 4-43　单击"3D 生成"按钮

任务 4　使用"画中画"技术创作视频

（8）等待视频生成，如图 4-44 所示。

图 4-44　等待视频生成

（9）视频生成后，可以播放视频，观察视频效果，如图 4-45 所示。

图 4-45　观察视频效果

（10）播放视频时，可以观察到动作效果和"画中画"效果；单击页面右上角的"导出"按钮，即可导出生成的视频，如图 4-46 所示。

图 4-46　导出生成的视频

75

知识链接：

视频编辑与特效技术

画中画（Picture-in-Picture）是一种常见的视频特效，它允许在主画面中嵌入另一个视频或图像，从而形成层次感和信息的叠加效果。它最早广泛用于电视新闻的双画面报道，如主播画面与采访现场画面的结合，如今已成为短视频创作中提升观感的重要手段。

在数字视频创作平台中，画中画的实现过程被大大简化，创作者只需导入素材、调整位置与大小，即可完成复杂的叠加效果。但在技术便利的背后，创作者仍需要去思考画中画的使用目的：是补充信息、对比场景，还是制造幽默与反转？

动作效果（Motion Effects）则为视频增加动态表现力。预设的动作——无论是挥手、跑步还是拱手礼——都能让角色与观众之间产生更直接的情感连接。但动作并非越多越好，恰到好处的动作安排才能突出重点、避免喧宾夺主。

在创作中，画中画与动作效果的结合，可以帮助你在一个视频中传递多层次的信息，让内容既有主线又有辅助细节。但要记住，技术只是手段，真正打动观众的是你对画面节奏、信息重点和情感氛围的把握。AI平台能帮你快速实现这些效果，而"为什么用"与"何时用"，才决定你的作品是简单的拼接，还是充满表现力的创作。

任务5　视频后期包装

任务描述：

在"有言"网站上为视频添加字幕模板、音频素材、贴纸及片头，并进行预览和调整，最终导出编辑完成的视频。

（1）访问"有言"网站，在"最近作品"选区中选择一个现有视频作品。

（2）为视频添加字幕模板。

（3）为视频添加音频素材。

（4）为视频添加贴纸并将贴纸调整至合适位置。

（5）为视频添加片头。

（6）导出视频。

实现步骤：

（1）访问"有言"网站，单击"开始创作"按钮，随后在首页选择"最近作品"选项，如图4-47所示。

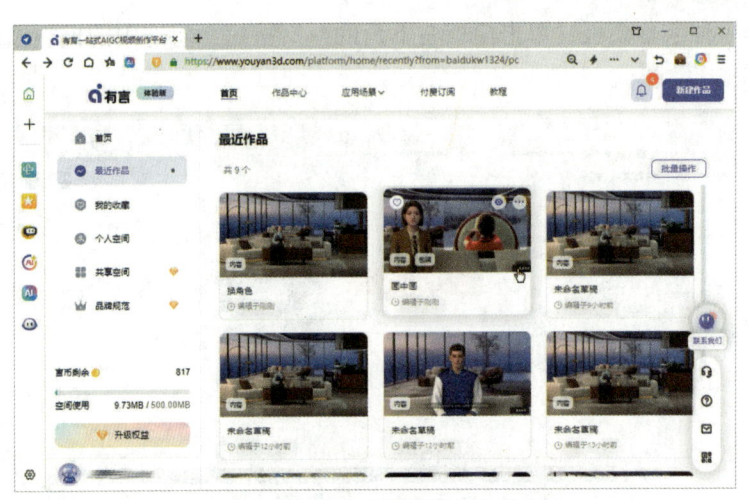

图4-47 选择"最近作品"选项

（2）选择其中一个作品，或选择顶部导航栏中的"作品中心"选项卡，即可查看创作的作品，如图4-48所示。

图4-48 查看创作的作品

（3）选择页面左侧的"视频包装"选项，选择"字幕模板"选项卡，如图4-49所示。

图4-49 选择"字幕模板"选项卡

（4）选择一种字幕模板，单击模板右下角的"+"按钮，将选中的模板添加到视频中，如图4-50所示。

图4-50 将选中的模板添加到视频中

（5）试播放视频，观察"字幕模板"在视频中的应用效果，如图4-51所示。

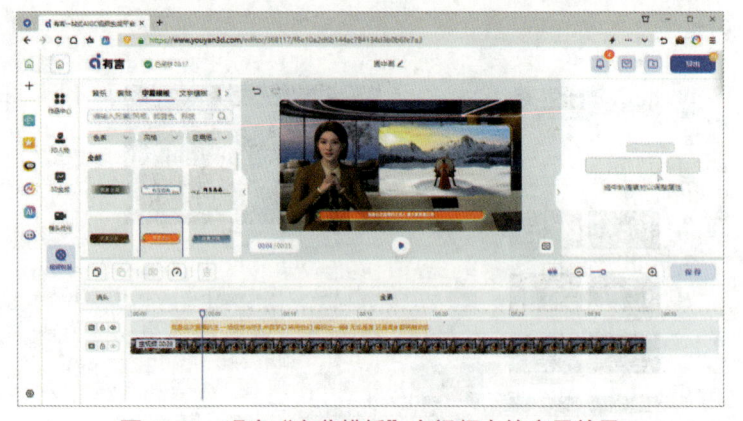

图4-51 观察"字幕模板"在视频中的应用效果

（6）选择"素材库"选项卡，试播放其中一个音频素材，如图4-52所示。

图4-52 试播放其中一个音频素材

（7）选中一个素材，单击素材右下角的"+"按钮，将选中的音频素材添加到视频中，如图4-53所示。

图4-53　将选中的音频素材添加到视频中

（8）选择"贴纸"选项卡，如图4-54所示。

图4-54　选择"贴纸"选项卡

（9）选中一个贴纸，单击贴纸右下角的"+"按钮，将选中的贴纸添加到视频中，如图4-55所示。

图4-55　将选中的贴纸添加到视频中

（10）将贴纸移动到视频中适当的位置，如右上角，如图4-56所示。

图4-56　将贴纸移动到视频中适当的位置

（11）选择"片头"选项卡，选择一个片头，单击片头右下角的"+"按钮，将选中的片头添加到视频中，如图4-57所示。

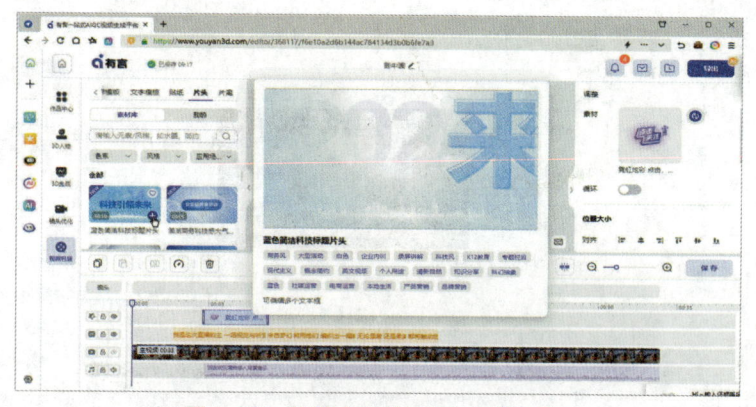

图4-57　将选中的片头添加到视频中

（12）添加的片头将会出现在视频的最前端，完成后，单击页面右上角的"导出"按钮，以生成视频，如图4-58所示。

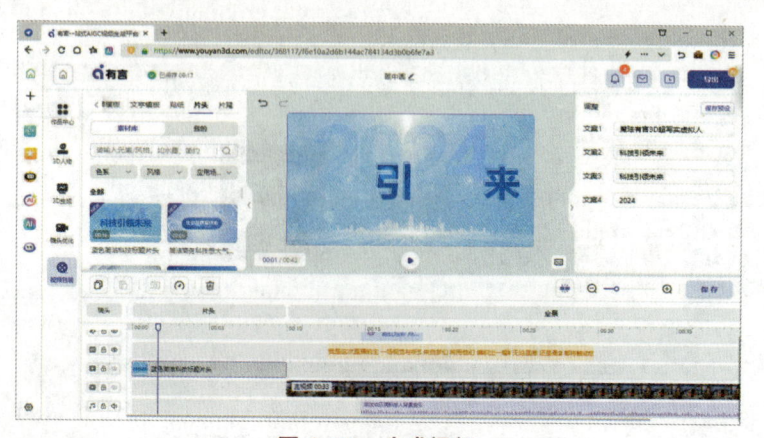

图4-58　生成视频

知识链接：

视频后期包装

视频后期包装是指对视频进行二次加工和美化，以提升视频的视觉和听觉效果，从而增强观众的观看体验。该过程包括添加字幕模板、音频素材、贴纸与特效等元素，以及进行色彩校正、特效处理等。

1. 字幕模板

字幕模板是预先设计好的字幕样式和动画效果，用户可以直接将其应用到视频中，无须自行设计，这能提高视频制作的效率和质量。

2. 音频素材

音频素材是视频制作不可或缺的一部分，它能够为视频增添背景音乐、音效等，从而增强视频的感染力和氛围。

3. 贴纸与特效

贴纸和特效是视频后期包装中常用的元素，它们能够增加视频的趣味性和视觉冲击力，吸引观众的注意力。

AI 可以助力你迅速完成技术操作，比如为视频自动生成字幕、调整节奏、提升画面质感，但视频最终呈现的"气质"与"表达的精准度"，始终需要创作者亲自把控。这种把控，来自于你对内容的理解、对受众的判断以及对叙述节奏的拿捏。

其实，这种能力的锻炼在学习中也同样重要。当你遇到难题、思路卡顿时，不妨尝试换个方式，把这段知识当作一个故事讲给别人听。为了让对方听懂，你会自然而然地理清思路、补全细节、用贴切的比喻说明问题——这个过程本身，就是一次有效的深度学习。

所以，无论是视频创作还是知识学习，AI 是强大的辅助工具，但真正决定内容质量的，始终是你对信息的理解和讲述方式。学会像讲故事一样地去学习，是掌握知识的一条聪明路径。

项目小结

通过本项目的创作任务，学生学习了在"有言"网站上进行 3D 视频创作的基本流程和高级技巧。从创建简单的横屏作品到自创 3D 人物、使用"画中画"技术创作视频，再到通过视频后期包装提升视频质量，学生不仅熟悉了"有言"网站的功能和操作页面，还提升了数字素养和创意表达能力。在此基础上，学生可以继续探索更多的视频创作技巧和应用场景，将所学知识与实际相结合，创作出更多具有个人特色和创意的视频作品。

拓展练习

一、选择题

1. 以下哪一项是在"有言"网站上创作 3D 视频的第一步？（ ）

    A. 选择横屏模式

    B. 访问并登录"有言"网站，新建作品

    C. 上传视频素材

    D. 输入脚本

2. 在创建 3D 视频时，脚本内容是由以下哪一项输入的？（ ）

    A. 系统自动生成　　　　　　　　B. 用户手动输入

    C. 从外部文件导入　　　　　　　D. 无须输入脚本

3. 要在"有言"网站上更换主播人物，应选择以下哪个选项卡？（ ）

    A."视频"　　　B."人物"　　　C."场景"　　　D."脚本"

4. 自创 3D 人物时，以下哪一项不是必须进行的操作？（ ）

    A. 选择人物模型　　　　　　　　B. 更换套装

    C. 添加背景音乐　　　　　　　　D. 命名并保存人物

5. 在使用"画中画"技术创作视频时，需要添加以下哪种素材？（ ）

    A. 图片　　　B. 音频　　　C. 视频样例素材　　　D. 文本

二、简答题

1. 请简述在"有言"网站上创作 3D 视频的基本流程。

2. 在创建关于"自行车运动"的短视频作品时，除选择主播人物和场景模式外，还需要进行哪些步骤？

3. 在自创 3D 人物时，有哪些自定义选项可供调整？

4. 在应用视频包装时，如何为视频添加贴纸并进行调整？

5. 请描述一下使用"画中画"技术进行视频创作的主要步骤。

项目 5 "豆包"应用

知识导读

本单元以"AI 绘画与创意表达"为主题,通过"豆包"AI 图像生成工具,带领学生体验从传统艺术到现代设计的多元化创作。学生将学习如何利用 AI 技术生成不同风格的图像作品,包括国风水墨画、历史场景复原、植物科普插画、二十四节气主题创作以及传统名画的现代重构。

通过任务实践,学生不仅能掌握 AI 绘画的基本操作,还能培养艺术鉴赏能力、历史考据思维和创意表达能力,同时理解 AI 技术在艺术与科学结合中的潜力与局限。

学习目标

1. 知识目标

(1)理解国风插画、历史场景复原、植物科学插画等不同主题的创作要点。

(2)熟悉二十四节气的文化内涵及《千里江山图》的艺术特征。

(3)了解 AI 生成图像的局限性(如历史准确性、植物形态科学性等)。

2. 技能目标

(1)掌握"豆包"平台"图像生成"功能的基本操作流程。

(2)能够通过修改提示词优化 AI 生成结果,实现个性化创作。

(3)能够对比分析 AI 生成内容与真实资料(如历史、植物学)的差异。

(4)能够整合多幅 AI 生成图像,使用 WPS 演示文稿制作主题作品集。

3. 素养目标

(1)理性认识 AI 工具的辅助性作用,避免过度依赖生成结果。

(2)增强对传统文化(如节气、国画)的理解与传承意识。

(3)学会质疑 AI 生成内容的准确性,并通过查证资料进行验证。

(4)在传统与现代的碰撞中,开拓跨学科创意表达的可能性。

项目 5 "豆包"应用

任务 1　使用"豆包"进行插画创作

任务描述：

使用"豆包"平台的"图像生成"功能，基于"国风插画"模板生成并优化一幅水墨风格的荷塘主题作品。

（1）启动"豆包"，进入"图像生成"模块，选择"国风插画"风格。

（2）从模板库中选取"整个画面以象牙白颗粒画布为背景……"的预设模板，应用"做同款"进行创作。

（3）尝试更改比例和"荷花"前添加"红色"，生成多版图像，最终选取最符合需求的成品。

实现步骤：

（1）启动"豆包"，单击左侧的"图像生成"，选择"国风插画"，选择一款模板，例如，选择了"整个画面以象牙白....."，再执行"做同款"，如图 5-1 所示。

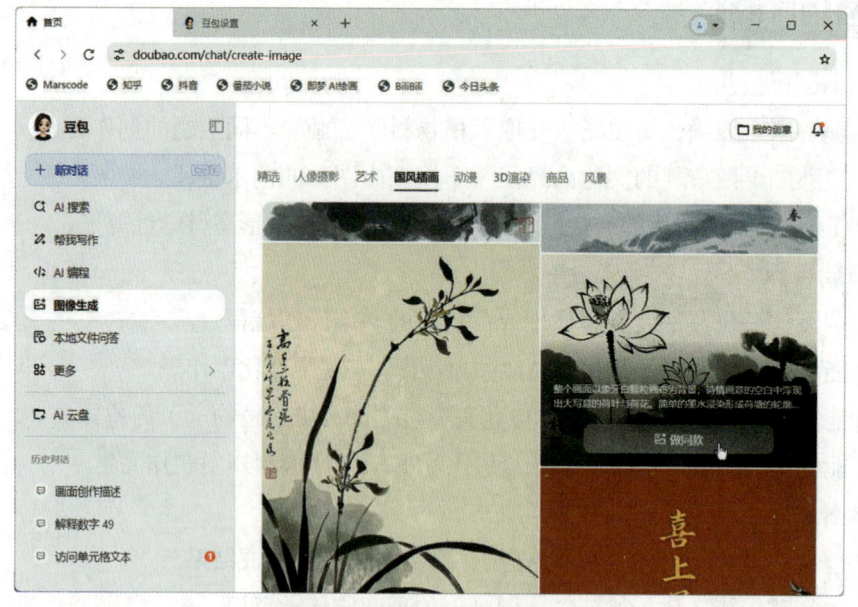

图 5-1　再执行"做同款"

（2）执行"做同款"后，在输入框有一段提示词："

整个画面以象牙白颗粒画布为背景，诗情画意的空白中浮现出大写意的荷叶与荷花。简单的墨水浸染形成荷塘的轮廓，水墨颗粒感逐渐扩展至荷花的瓣和池塘的水面，给画面增添了淡淡的清香和宁静感。极简的背景与水墨的洗练相得益彰，荷塘的简约画法展现出优雅的诗意，留白，比例「4：3」"，再单击 ⬆ 提交按钮，如图 5-2 所示。

图 5-2　再单击提交按钮

（3）等待平台生成图像，如图 5-3 所示。

图 5-3　等待平台生成图像

（4）把提示词复制到输入框，只把「4∶3」修改为「9∶16」，再次提交，如图 5-4 所示。

项目 5 "豆包"应用

图 5-4 只把「4∶3」修改为「9∶16」

（5）重新获得图像作品，新的图像作品的宽高比例为「9∶16」，如图 5-5 所示。

提示：重新输入的提示词内容不作大篇幅的修改，只修改少量细节，多次提交给 AI 平台，能逐步得到多种图像作品，可从中以更容易选取适合自己使用的作品。

图 5-5 新的图像作品的宽高比例为「9∶16」

（6）把提示词复制到输入框，只把在荷花前添加"红色"，再次提交，如图 5-6 所示。

提示：在提示词内容大部分不作修改的前提下，只添加颜色修饰的词，能逐步得到不同颜色的图像作品。

86

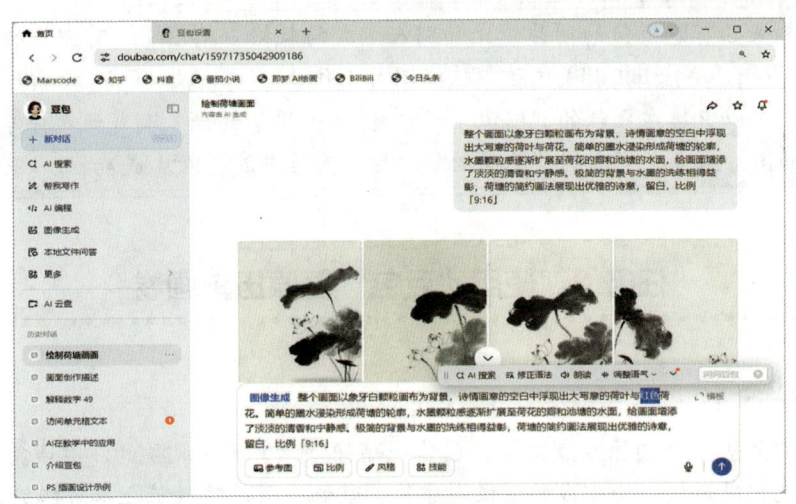

图 5-6　只把在荷花前添加"红色"

（7）获得到红色荷花的作品，如图 5-7 所示。

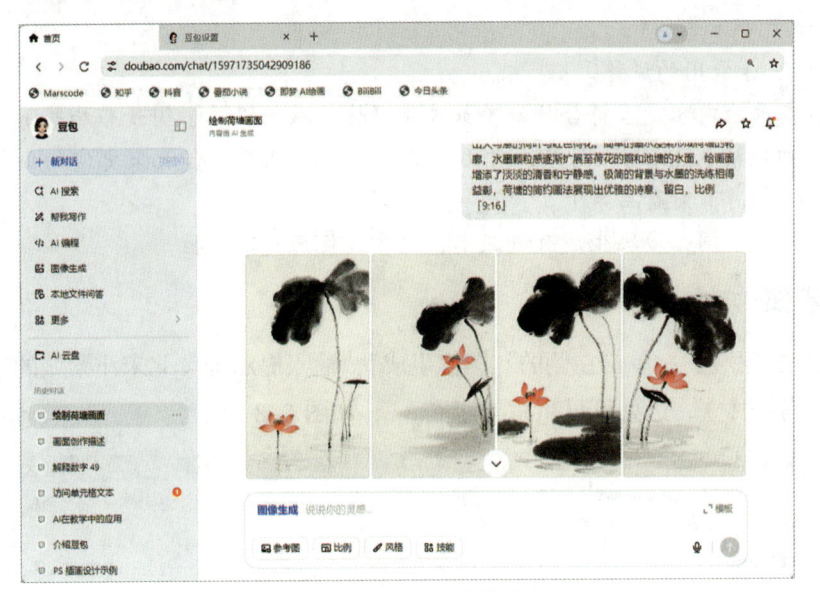

图 5-7　获得到红色荷花的作品

知识链接：

豆包"图像生成"的制作同款

在豆包中使用"图像生成"功能制作同款图片，操作步骤其实很简单，跟着做就能轻松创作图像作品。

（1）打开豆包 App 或网页版，在首页的功能区找到"图像生成"入口，点击进入生成界面。

（2）选择"做同款"的参考图。

（3）如果已有想模仿的图片（比如别人生成的风格、构图），可以点击界面中的"上传参考图"，从手机相册或电脑中选择图片上传。

（4）也可以直接在豆包的"图像生成广场"（如果有的话）浏览他人分享的作品，找到喜欢的图片后点击下方的"做同款"按钮，直接进入同款生成流程。

任务2　使用"豆包"复原历史画卷

任务描述：

通利用"豆包"AI图像生成工具，创作一幅符合北宋历史风貌的汴梁城集市街景图，并通过多次优化提示词，使生成的图像在建筑、服饰、道具等细节上尽可能贴近史实。

（1）启动"豆包"，进入"图像生成"功能。

（2）输入提示词："北宋汴梁城的集市街景，人群热闹，商铺林立，远处可见拱桥与河流。"

（3）确认AI采用的风格。

（4）检查画面内容是否符合预期（如建筑风格、人物服饰、街景布局等）。

（5）仔细观察AI生成的图像，对比历史资料，标记不符合北宋史实的细节（如建筑结构、服饰样式、市集商品等）。

（6）优化提示词，多次生成改进版本，逐步优化历史准确性。

实现步骤：

（1）启动"豆包"，单击左侧的"图像生成"，输入提示词"北宋汴梁城的集市街景，人群热闹，商铺林立，远处可见拱桥与河流。"，如图5-8所示。

图5-8　输入提示词

（2）"豆包"在分析时，会看到文字提示"好的，我将为您生成北宋汴梁城集市街景的图片。考虑到要展现宋代市井生活的繁华与细腻，我会采用张择端《清明上河图》的工笔界画风格，这种风格擅长描绘复杂的建筑和热闹的场景，能很好地还原历史风貌。"，从中可以看出将生成的图像是采用张择端《清明上河图》的工笔界画风格进行创作，如图5-9所示。

图 5-9 会看到文字提示

（3）等待平台生成图像后，观察图像作品的内容，如图5-10所示。

图 5-10 观察图像作品的内容

（4）打开其中的图像，观察画面中的建筑、服饰、道具等细节，有哪些不符合史实，如图 5-11 所示。

提示：AI 生成的图像只作参考，并不能确保与史实内容相符。

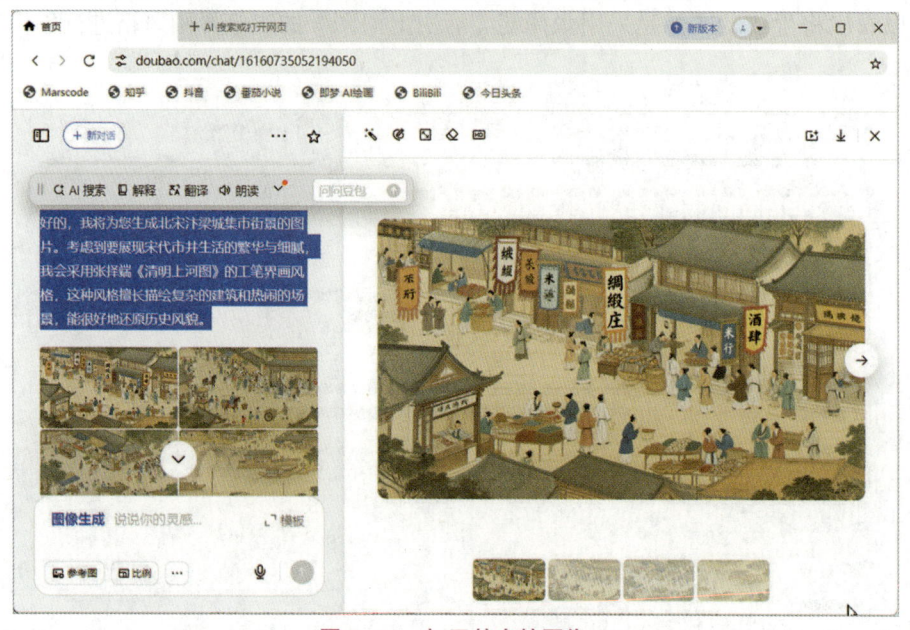

图 5-11　打开其中的图像

（5）请查询相关的历史书籍，了解使用 AI 创作历史画卷，需要在哪些图像细节进行改进。可以根据内容的需要，多次修改提示词，多次提交平台，进行多次创作，以求从中能选取合适自己使用的图像作品。

知识链接：

用 AI 复原历史画卷

对于用 AI 复原历史画卷是否符合史实，并不能仅仅依赖 AI 平台的作用，就武断地认为作品具备了历史真实性，需要根据正规的历史书籍资料，并从技术原理和历史考据的角度客观去分析，才能判断符合史实的细节。

1. 生成逻辑的局限性

豆包的图像生成依赖于海量数据训练，这些数据可能包含历史画作、影视素材、文献描述等，但模型的核心是"学习规律并模仿创作"，而非"严格考据史实"。

例如：

对于服饰、建筑、器具等细节，模型可能混合不同朝代的元素（比如将唐代服饰与宋代建筑融合）。

对于历史事件的场景还原，可能因文本描述的模糊性或数据中的艺术加工内容，导致与史实细节（如人物关系、事件顺序）存在偏差。

2. "符合史实"的核心判断标准

严格意义上的"符合史实"需要更专业的研究。

细节提升可以参考考古发现、权威史料（如正史、出土文献、专业研究）等方面的专业知识。而 AI 生成的内容更偏向"基于历史印象的艺术化表达"，而非学术性的史实还原。

任务3 使用"豆包"探秘竹子、枫树、银杏树

任务描述：

运用"豆包"AI 平台的图像生成与文本分析功能，系统性地学习竹、枫、银杏三种植物的叶片特征、分类、生长环境及生态作用，并通过对比分析整理出它们在环境保护和经济建设中的应用价值。

（1）启动"豆包"，进入"图像生成"功能。

（2）输入提示词："画三种不同叶片（如竹叶、枫叶、银杏叶）"，生成竹叶、枫叶、银杏叶三种叶片的图像，直观观察它们的形态差异。

（3）输入提示词："分析对比竹子、枫树、银杏树这三种植物的植物类别及生长环境"，获取它们的科属分类、自然分布及适生条件等基础信息。

（4）输入提示词："分析比较竹、枫和银杏对环境的作用"，了解它们在固碳释氧、水土保持、生物多样性等方面的贡献。

（5）输入提示词："用一个表格对比竹子、枫树和银杏树在环境方面的差异"，整理三者在生态功能上的异同点。

（6）拓展研究与资料补充，结合 AI 提供的信息，查阅书籍或可靠文献，补充竹子、枫树、银杏树在更多维度（如经济用途、文化象征、生长周期等）的对比数据。

（7）基于整理的数据，分析应用价值。以表格或分析报告形式，说明竹子、枫树、银杏树这三种植物在环境保护和、经济建设方面的应用价值。

实现步骤：

（1）启动"豆包"，单击左侧的"图像生成"，输入提示词"画三种不同叶片（如竹叶、枫叶、银杏叶）"，如图 5-12 所示。

项目 5　"豆包"应用

图 5-12　输入提示词

（2）等待 AI 生成图像后，观察竹叶、枫叶、银杏叶的细节，以更好的分辨和认识这三种植物，如图 5-13 所示。

图 5-13　观察图片细节

（3）再次输入提示词"分析对比竹子、枫树、银杏树这三种植物的植物类别及生成环境"，提交后，获取相关的信息，如图 5-14 所示。

任务3　使用"豆包"探秘竹子、枫树、银杏树

> 提示：通过叶子的图像直观认识了竹叶、枫叶、银杏叶后，再去了解这三种植物的信息，可以对这三种植物开展更深的探究。

图 5-14　获取相关的信息

（4）再次输入提示词"分析比较竹、枫和银杏的对环境的作用"，提交后，获取相关的信息，如图 5-15 所示。

图 5-15　再次输入提示词

93

（5）再次输入提示词"用一个表格对比竹子、枫树和银杏树在环境方面的差异"，提交后，获取相关的信息，如图 5-16 所示。

图 5-16　再次输入提示词

（6）采用类似的操作，向平台提出不同的提示词，获取更多的信息，再归纳 AI 平台的知识，同时根据实际的了解，查阅可能查到的书籍，参考表 5-1，再归纳补充更多关于竹子、枫树、银杏树的多维度对比的数据。

表 5-1　竹子、枫树、银杏树的多维度对比的数据

对比维度	竹子	枫树（落叶枫类）	银杏树
固碳	碳储存周期短（10-20 年）	碳储存周期较长（50-100 年）	短期固碳效率低，长期累积量大（百年单株碳储量是枫的 5-8 倍）
水土保持	须根密集形成"根网"，抗冲刷能力强，适合坡地/河岸	直根深、侧根发达，固深层土壤	主根粗壮深扎（3-5 米），固土能力强（适合贫瘠/沙质土）
生物多样性支持	生态位单一，仅支持竹节虫、竹鸡等专性物种	多层生态结构支持传粉昆虫、鸟类、松鼠等，生物类群数量是竹的 3-5 倍	共生生物极少（伴生生物多灭绝），仅少数腐生菌、乌鸦取食种子

续表

对比维度	竹子	枫树（落叶枫类）	银杏树
抗逆与环境净化	抗逆性中等，喜暖湿，耐寒性差（-5℃易冻）	适应性广（温带至亚热带），耐寒性较强（-15℃）；叶片绒毛可滞留颗粒物，耐轻度空气污染，重污染区易枯萎	抗逆性极强，耐重污染（工业区/交通干道），吸收二氧化硫、氟化氢能力是枫的2-3倍，城市污染区绿化首选
生长特性	生长极快，1-3年成熟；常绿，光合作用持续时间长	生长中等（5-10年成熟）；落叶特性形成季节性生态调节	生长缓慢（20-30年成熟），寿命极长（可达千年）；古老物种，演化适应性稳定

（7）用自己整理的资料，分析并说明这三种植物在环境保护、经济建设等方面的应用价值。

知识链接：

"豆包"生成植物图的"科学性"

使用"豆包"生成植物图的"科学性"，主要取决于生成内容是否符合植物学上的形态特征、分类属性等科学事实，这需要结合AI的生成逻辑和植物学的专业性来分析。

1. AI生成植物图的基础是依赖数据而非"科学考据"

豆包生成植物图时，核心是通过学习海量训练数据（如植物照片、插画、科普图文等），捕捉"植物"的视觉规律（如叶片形状、花朵结构、生长姿态等），再根据用户的描述（如"向日葵""多肉植物""蕨类"）生成符合"视觉印象"的图像。但模型本身并不具备植物学的专业知识（如科属分类、器官功能、形态演化等），它更擅长模仿"常见特征"而非严格遵循科学定义。

2. 科学性的常见局限

形态细节可能失真。例如，豆包可能将不同植物的特征混淆（如把蔷薇的花瓣形态嫁接到月季的枝干上），或错误呈现关键特征（如蕨类植物的孢子囊位置、单子叶植物与双子叶植物的叶脉区别）。

分类属性可能模糊。若用户描述模糊（如仅说"红色小花"），AI可能生成融合多种植物特征的"混合体"，难以对应到具体科属（如混淆山茶与杜鹃的形态）。

可能违背生长规律。例如，错误呈现植物的生长环境与形态的适配性（如给干旱地区植物画出宽大叶片，违背保水逻辑）。

项目5 "豆包"应用

> 3. 适用场景与科学严谨性的平衡
>
> 若用于非专业场景（如装饰画、创意插画、儿童启蒙等），AI生成的植物图可以满足"形似"需求，兼具美观性和便捷性；但如果用于专业场景（如植物教学、科研绘图、物种识别参考等），其科学性可能不足，无法替代经过植物学家考证的科学插画（如《中国植物志》图谱）或高清标本照片。
>
> 4. 提升AI作品科学性的小技巧
>
> 若希望生成更贴近科学事实的植物图，可在描述中补充具体特征（如"向日葵，头状花序，舌状花黄色，管状花棕色，叶片宽卵形互生"），并结合权威植物资料（如植物志、博物馆数据库）核对细节，必要时手动修正错误（如调整叶片锯齿形态、花朵雄蕊数量等）。
>
> 总之，豆包生成的植物图是"基于视觉经验的创作"而非"科学还原"，适合作为灵感或基础素材，但需结合植物学专业知识才能确保科学性。

任务4 使用"豆包"创作二十四节气主题系列插画

任务描述：

使用"豆包"AI图像生成工具创作二十四节气主题系列插画，并通过WPS演示文稿进行系统化整理和展示，最终形成完整的二十四节气视觉展示作品。

（1）启动"豆包"进入图像生成功能。

（2）输入提示词："创作二十四节气'立春'主题系列插画"，用"4:3文章配图，插画"比例和"中国风"风格创作"立春"插画。

（3）创建图表版式演示文稿框架，将生成的"立春"插画复制到演示文稿，并添加相应的标题和说明文字。

（4）确认二十四节气的名称，并为每个节气生成对应插画，依次将各节气插画整合到演示文稿中，完善展示作品。

实现步骤：

（1）启动"豆包"，单击左侧的"图像生成"，输入提示词"创作二十四节气"立春"主题系列插画"，选择一种比例，如选择"4:3文章配图，插画"如图5-17所示。

任务 4　使用"豆包"创作二十四节气主题系列插画

图 5-17　输入提示词

（2）选择一种风格，如选择"中国风"风格，如图 5-18 所示。

图 5-18　如选择"中国风"风格

97

项目5 "豆包"应用

（3）完成提示词输入，并确认比例和风格，执行提交，如图5-19所示。

图5-19 执行提交

（4）等待AI平台生成图像作品，如图5-20所示。

图5-20 等待AI平台生成图像作品

（5）"立春"主题图像生成完成的效果，如图 5-21 所示。

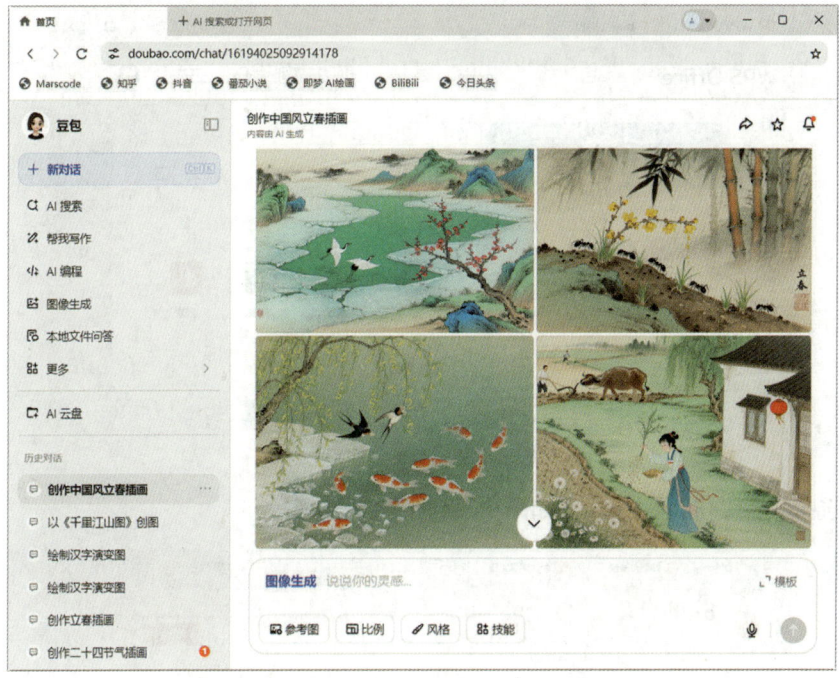

图 5-21　"立春"主题图像生成完成的效果

（6）新建 WPS 演示文稿，准备用演求文稿中展示图像作品。启动 wps 并执行"新建"，如图 5-22 所示。

图 5-22　启动 wps 并执行"新建"

项目5 "豆包"应用

（7）选择"演示"，如图5-23所示。

图5-23 选择"演示"

（8）选择"空白演示文稿"，如图5-24所示。

图5-24 选择"空白演示文稿"

（9）执行"版式"，如图5-25所示。

图5-25 执行"版式"

（10）选择一种图表版式，如图 5-26 所示。

图 5-26　选择一种图表版式

（11）完成图表版式文稿创建的效果，如图 5-27 所示。

图 5-27　完成图表版式文稿创建的效果

（12）返回豆包，选择意向图片执行"复制"，如图 5-28 所示。

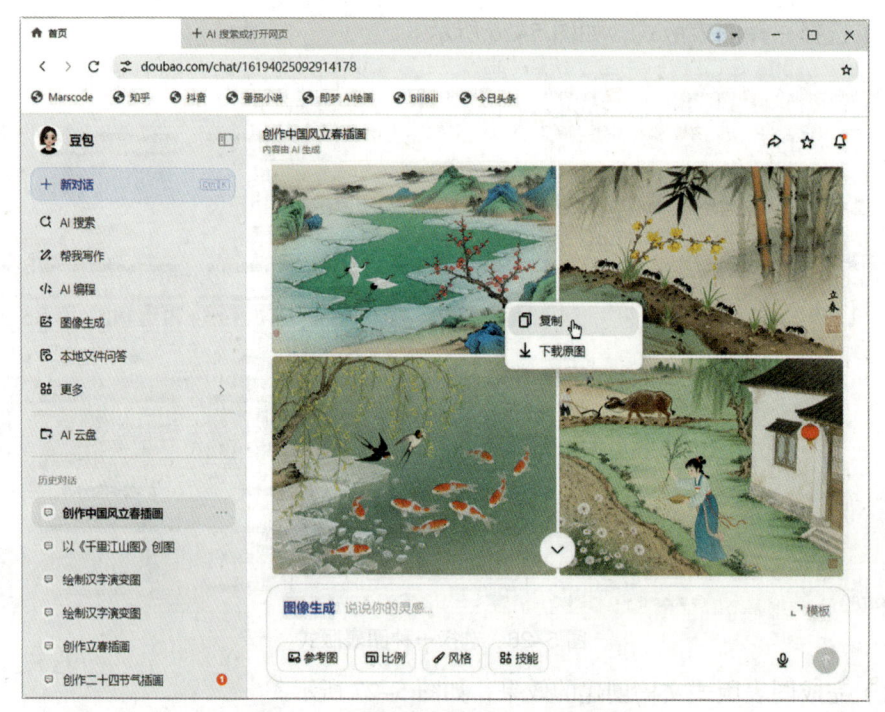

图 5-28 选择意向图片执行"复制"

(13)返回演示文稿，点击图片框架位置执行"粘贴"，如图 5-29 所示。

图 5-29 点击图片框架位置执行"粘贴"

（14）完成图片"粘贴"到演示文稿后，再输入标题等文本内容，如图 5-30 所示。

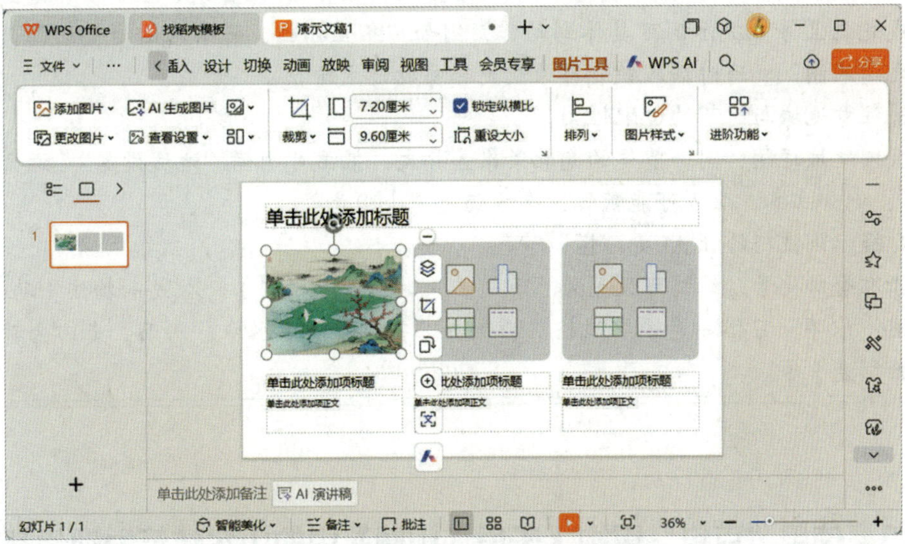

图 5-30　完成图片"粘贴"到演示文稿后

（15）查阅相关书籍资料，列出二十四节气包括哪些，并为每个节气生成插画，整理到演示文稿中，形成二十四节气展示作品。

知识链接：

用 AI 创作二十四节气插画的知识与技巧

用 AI 创作二十四节气插画时，核心是既要体现节气的自然规律与文化内涵，又要发挥 AI 的创意优势，同时避免常识性偏差。

1. 准确把握节气的核心特征

每个节气都有明确的"物候、气候、农事"标签，AI 生成时需在提示词中明确的物候元素，例如"清明插画，包含雨后彩虹、田间劳作的人"），避免出现不属于该节气的动植物。

节气的气候特点决定画面氛围，例如小暑的"温风至"的气候特点，画面可强调热风、树荫、纳凉等；大寒侧重冰雪、冻裂的土地。采用细化描述有时能避免 AI 容易泛化"季节感"的问题。

节气与农耕紧密相关，例如芒种时农耕的"忙着种"画面，画插秧、割麦就更适合。需要提升自己的农事知识，才能更好地确保农事与时间匹配，避免出现反季节农事。

2. 融入传统习俗与文化符号

二十四节气的文化内涵远超自然规律，插画需体现民俗、饮食、仪式等元素，增强文化辨识度。

103

项目 5 "豆包"应用

需要加强习俗活动的常识认知，例如立春的"咬春"（吃春饼、萝卜）、冬至的吃饺子或吃汤圆等。提示词可具体到动作，例如"冬至插画，一家人围坐吃汤圆，墙上贴数九消寒图"。有时加入饮食符号就更容易贴近主题。

3. 注意地域与时节的适配性

我国地域辽阔，同一节气的南北景象差异大，插画可明确"地域设定"。避免"一刀切"，例如立冬，北方可能飘雪，南方仍是"小阳春"。

4. 提示词技巧给让 AI 更"懂"节气

精准叠加要素，结构可设置为"节气名＋时间（如孟夏）＋地域＋物候（动植物）＋气候＋农事/习俗＋色彩/风格"，例如"芒种，南方水乡，阴雨，麦田金黄，农人弯腰割麦"等。

任务 5　使用"豆包"重构《千里江山图》中的山水建筑为现代都市版

任务描述：

使用 AI 图像生成工具还原北宋的《千里江山图》原作风格，将传统山水建筑元素转化为现代都市景观，基于发展愿景创作"我心中的未来千里江山图"。

（1）在豆包平台输入"《千里江山图》"生成传统版本。

（2）输入重构指令："将《千里江山图》中的山水建筑转化为现代都市景观"。

（3）未来愿景创作，构思可以选择或包含绿色生态城市、未来科技元素、可持续发展特征、传统文化符号的创新呈现等，生成多版方案并优选。

（4）制作"我心中的千里江山图"作品展示演示文稿。

实现步骤：

（1）启动"豆包"，单击左侧的"图像生成"，输入提示词"《千里江山图》"，如图 5-31 所示。

● 任务 5 使用"豆包"重构《千里江山图》中的山水建筑为现代都市版

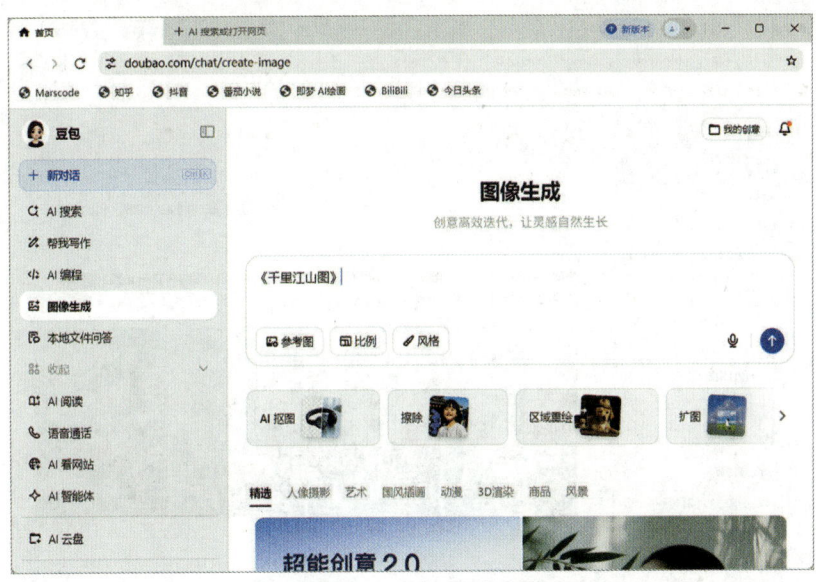

图 5-31 输入提示词

（2）"《千里江山图》"生成的效果，如图 5-32 所示。

图 5-32 "《千里江山图》"生成的效果

（3）输入提示词"重构《千里江山图》中的山水建筑为现代都市版"，提交后，得到新的图像作品，如图 5-33 所示。

105

项目 5　"豆包"应用

图 5-33　输入提示词

（4）在我们发展的美好前景下，你认为祖国的未来千里江山图应该是怎样的，试把设想形成提示词，提交给 AI 平台生成你认为的未来千里江山图作品，并配以文字标题或说明，形成的"我心中的千里江山图"演示文稿作品。

> **知识链接：**
>
> AI 生成重构图的经验与技巧
>
> 　　使用"豆包"重构《千里江山图》为现代都市版时，需在传统美学与现代设计之间建立精准桥梁，同时规避 AI 生成的常见陷阱。
> 　　1. 提示词设计的语义精度控制
> 　　避免笼统使用"青绿山水"等宽泛概念，需拆解为可视觉化的子元素。
> 　　采用"近景 – 中景 – 远景"分层指令，如"近景：青绿色钢结构观景台，悬挑角度 30°；中景：磁悬浮轨道穿过多边形玻璃建筑；远景：云雾中的菱形摩天楼群，顶部激光束交汇"。
> 　　2. 避免"时空折叠"悖论
> 　　如用全息投影在现代运河水面呈现古代商船时，需补充材料设备等细节，强化技术合理性。
> 　　通过技巧可充分发挥豆包的创意生成能力，在《千里江山图》的文化基因与现代都市的功能需求间找到平衡点，最终实现"传统美学的数字化重生"。

项目小结

本单元通过五个递进式任务，系统学习了"豆包"AI 图像生成工具的应用技能。

（1）技术掌握

从基础操作（如调整比例、添加关键词）到复杂指令（如历史细节优化、科学对比表格生成），逐步提升 AI 工具的使用技巧。

（2）跨学科融合

将艺术创作与历史考据、植物学知识、传统文化相结合，体现 AI 技术在多领域中的辅助价值。

（3）反思与改进

认识到 AI 生成内容的局限性（如历史偏差、科学失真），强调人工校验和资料补充的必要性。

（4）成果输出

通过 WPS 演示文稿整合作品，培养系统性展示能力，完成从"技术操作"到"创意表达"的全流程实践。

拓展练习

一、选择题

1. 在豆包平台生成国风插画时，想要突出水墨质感，应在提示词中加入哪个关键词？（　　）

  A. 4K 高清　　　　　　　　　　B. 颗粒感笔触

  C. 扁平化设计　　　　　　　　　D. 赛博朋克

2. 优化历史场景的 AI 生成图时，发现人物服饰出现唐代风格，应如何修改提示词？（　　）

  A. 增加"北宋服饰"　　　　　　　B. 删除所有服饰描述

  C. 改为"古代服饰"　　　　　　　D. 添加"混合朝代风格"

3. 对比竹 / 枫 / 银杏的生态作用时，AI 生成的表格缺少 "抗污染能力" 数据，应首先：（　　）

  A. 直接采用 AI 生成结果　　　　　B. 查询《中国植物志》补充

  C. 随机填写预估数值　　　　　　D. 删除该对比项

4. 制作二十四节气插画时,"大雪"节气画面出现荷花,问题出在:(　　)

  A. 未限定季节元素   B. 色彩搭配错误

  C. 画幅比例不当   D. 风格模板选择错误

5. 重构《千里江山图》时,要保留青绿山水色调但转换为现代建筑,应使用:(　　)

  A. "玻璃幕墙反射青绿色山影"   B. "完全黑白灰建筑群"

  C. "荧光霓虹色调"   D. 删除所有色彩描述

二、实践应用题

任务1　基于生成的荷塘作品,添加"月夜+白鹭"元素

要求:

(1) 在原有提示词中新增夜景描述(如"月光晕染"和"水波倒影")。

(2) 通过迭代优化动物形态合理性。

(3) 用 WPS 制作创作过程对比图。

任务2　创建《城市绿化植物优选方案》

要求:

(1) 用 AI 生成竹子/银杏的市政应用场景图(如行道树、公园造景)。

(2) 结合抗污染数据选择绿化植物。

项目 6 "通义万相"应用

知识导读

本项目将带领学生探索"通义万相"具有的强大的文字与图像、视频转化功能。通过一系列实践任务，学习如何将输入的诗歌、描述性文字及图片转化为具有独特风格和创意的画作和视频作品。这些任务旨在培养学生的文字视觉化能力，使学生能够利用技术手段将抽象的文字描述转化为生动、形象的视觉作品。这些技能对于提升学生的艺术创作、内容创作及日常表达能力，具有广泛的应用价值。

学习目标

1. 知识目标
（1）熟悉"通义万相"的"文字作画""文字作图""文生视频"和"图生视频"功能。
（2）理解 AI 作画和生成视频的操作流程。

2. 技能目标
（1）能够将输入的诗歌文字转化为具有特定风格的画作，并在多次生成的不同作品中进行选择。
（2）能够将描述性的文字转化为具有特定风格和比例的画作，并下载满意的作品。
（3）能够使用"文生视频"功能，将文字描述转化为视频，并设置视频比例、音效等参数。
（4）能够使用"图生视频"功能，将上传的图片转化为视频，并添加创意描述和音效。

3. 素养目标
（1）培养文字视觉化的意识和能力，提高审美水平。
（2）锻炼创新思维和创造力，能够生成具有独特风格的视觉作品。

项目 6 "通义万相"应用

任务 1　输入一首诗进行文字作画

任务描述：

使用"通义万相"的"文字作画"功能，将输入的诗歌文字转化为具有特定风格的画作，并根据喜好多次生成不同的作品，最后选择满意的作品进行下载。

（1）进入网站：访问"通义万相"网站。
（2）使用功能：选择"文字作画"选项，进入相关页面。
（3）输入文字：在文本框中输入想要转化为画作的诗歌。
输入的诗文：

《春晓》

唐·孟浩然

春眠不觉晓，处处闻啼鸟。

夜来风雨声，花落知多少。

（4）选择风格：从提供的"创意模版"中选择一种喜欢的风格。
（5）生成画作：单击"生成画作"按钮，等待画作生成。
（6）再次生成（可选）：若对首次生成的作品不满意，可以单击"再次生成"按钮获取新作品。
（7）下载作品：选择满意的作品，单击"下载"按钮，将其保存到本地。

实现步骤：

（1）访问"通义万相"网站，如图 6-1 所示。

图 6-1　访问"通义万相"网站

任务 1　输入一首诗进行文字作画

（2）选择"文字作画"选项，进入"文字作画"页面，如图 6-2 所示。

（3）在文本框中输入一首诗，如图 6-3 所示。

图 6-2　选择"文字作画"选项

图 6-3　在文本框中输入一首诗

（4）单击"选择创意模版"按钮，在"创意模版"选区中选择"风格"选项卡，在"风格"选项卡中选择一种风格，如图 6-4 所示。

图 6-4　选择一种风格

111

项目6 "通义万相"应用

（5）选择一种风格后的效果，如图6-5所示。

（6）单击"生成画作"按钮，如图6-6所示。

图6-5 选择一种风格后的效果　　　　图6-6 单击"生成画作"按钮

> 提示：每生成画作一次即消耗1个"灵感值"，若"灵感值"不够用，则可以通过"每日签到"获得"灵感值"。

（7）等待画作生成，如图6-7所示。

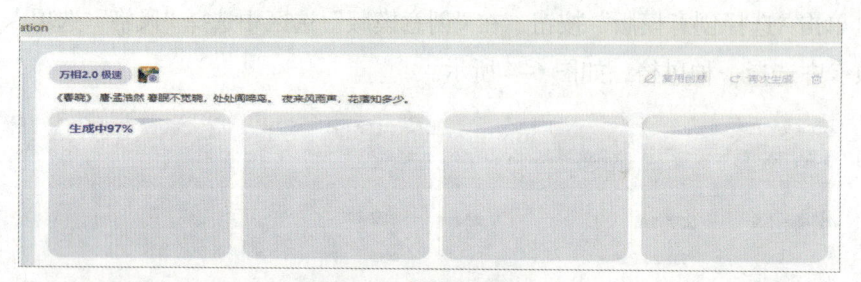

图6-7 等待画作生成

（8）画作生成后，若感觉不满意，可以单击"再次生成"按钮，如图6-8所示。

图6-8 单击"再次生成"按钮

112

任务1　输入一首诗进行文字作画

（9）等待片刻会得到再次生成的作品，如图6-9所示。

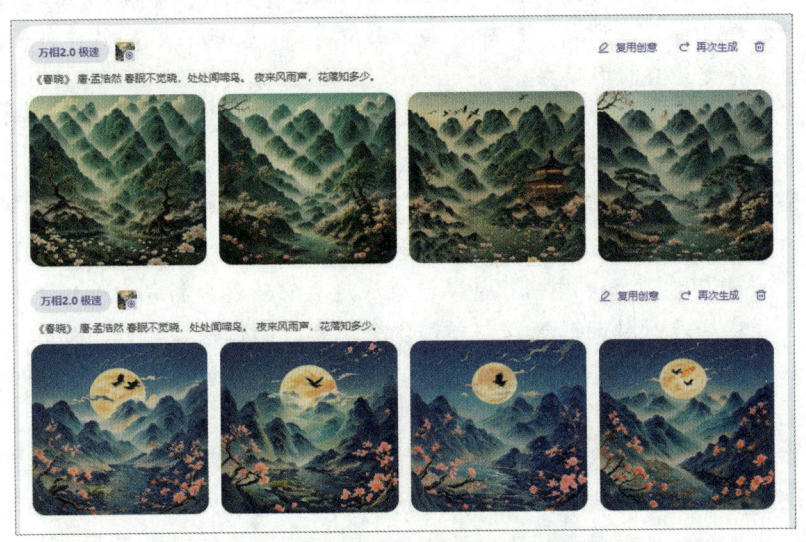

图6-9　等待片刻会得到再次生成的作品

（10）选择满意的作品，单击"下载"按钮，即可把喜欢的作品图下载到本地，如图6-10所示。

图6-10　单击"下载"按钮

知识链接：

"通义万相"

"通义万相"是由阿里云推出的AI创意作画平台，它能够提供多种AI艺术创作服务，包括但不限于文生图、图生图、涂鸦作画、虚拟模特、个人写真等多场景的图片创作功能。此外，"通义万相"还发布了视频生成模型，使得用户可以一键创作出影视级高清视频，适用于影视创作、动画设计、广告设计等领域。

113

诗意文字作画是一种将语言艺术与视觉艺术相融合的创作方式。在传统艺术领域，诗与画向来相辅相成，正所谓"诗中有画、画中有诗"。而在数字创作时代，AI 让这种跨界融合变得更为直接且高效。

"通义万相"的"文字作画"功能，本质上是依托生成式人工智能模型来解读文字中的意境，并将其转化为图像元素。例如，当输入《春晓》中的"春眠不觉晓"时，模型会从语义里捕捉"春日、清晨、安宁"等关键信息，并结合所选风格生成画面。不同风格的模板会使画面呈现出写实、国画、水彩、油画等各异的艺术氛围。

然而，AI 并不能真正"体悟"诗的情感深度。它虽能分析词句和风格特征，但无法像人类一样感受春风拂面的惬意，或是体会花落时的惆怅。因此，创作者在输入文字时，可以增添更多细节提示（如"清晨薄雾中的庭院，细雨润花"），助力 AI 生成更贴合意境的画面。

在创作过程中，还可以多次生成图像并反复比较，如同画家精心调整笔触一般精修作品。这一过程不仅是技术的运用，更是对审美与想象力的锻炼——你需要思索文字如何转化为画面、画面是否传达出了诗意，以及怎样从不同版本中挑选出最具感染力的一幅。

这种方法也能反向激发写作灵感：当你看到画面时，不妨尝试为它创作几句诗，让文字与图像形成新的呼应。如此一来，你不仅学会了以诗作画，还学会了以画生诗。

任务 2　输入一段描述文字进行文字作画

任务描述：

使用"通义万相"的"文字作图"功能，将输入的文字描述转化为具有特定风格和比例的画作，并根据需要多次生成不同的画作，最后选择满意的画作进行下载。

（1）输入文字描述：在"文字作画"页面的文本框中输入描述性的文字。例如："一片广阔的沙漠中，一队骆驼在晚霞下缓缓前行，留下一串串足迹。展现了一个荒凉而壮美的沙漠景象。"

（2）选择风格：在"创意模版"选区中选择一种喜欢的风格。

（3）选择画作比例：根据需要选择合适的画作比例（如"16∶9"）。

（4）生成画作：单击"生成画作"按钮，等待画作生成。

（5）查看画作：画作生成后，查看得到的四张画作。

（6）再次生成（可选）：若不满意生成的画作，则可以单击"再次生成"按钮重新生成画作。

（7）下载画作：选择满意的画作，单击"下载"按钮，将其保存到本地。

任务 2　输入一段描述文字进行文字作画

实现步骤：

（1）访问"通义万相"网站，选择"文字作画"选项，在文本框中输入一段文字，例如："一片广阔的沙漠中，一队骆驼在晚霞下缓缓前行，留下一串串足迹。展现了一个荒凉而壮美的沙漠景象。"如图 6-11 所示。

图 6-11　在文本框中输入一段文字

（2）在"创意模版"选区中选择"风格"选项卡，在"风格"选项卡中选择一种风格，如"治愈"风格，如图 6-12 所示。

图 6-12　选择一种风格

（3）选择"治愈"风格后的效果，如图 6-13 所示。

（4）选择一种比例，如"16∶9"，然后单击"生成画作"按钮，如图 6-14 所示。

115

项目 6 "通义万相"应用

图 6-13　选择"治愈"风格后的效果　　图 6-14　单击"生成画作"按钮

（5）画作生成后，在页面中间会得到四幅画作，如图 6-15 所示。

图 6-15　得到四幅画作

（6）若对画作感觉不满意，则可以单击"再次生成"按钮重新生成四幅画作，如图 6-16 所示。

图 6-16 单击"再次生成"按钮

（7）若对画作满意，则可以单击"下载"按钮，将画作下载到本地备用，如图 6-17 所示。

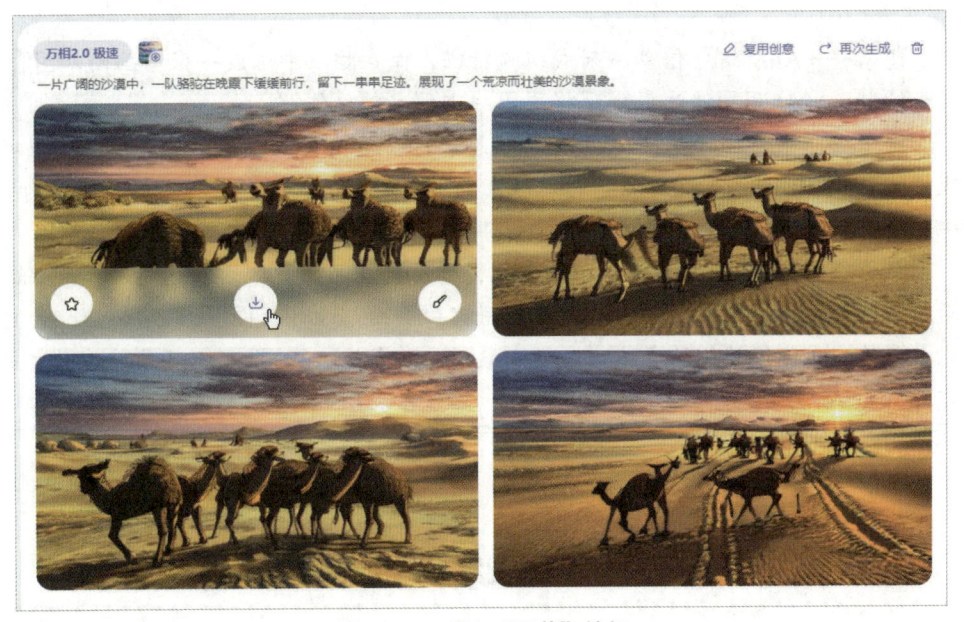

图 6-17 单击"下载"按钮

知识链接：

AI 绘画技术的演进

人工智能绘画并不是魔法，而是技术的成果。深度学习模型（如生成对抗网络

117

GAN、扩散模型等）会"看"成千上万张真实或艺术化的图片，学习其中的色彩搭配、光影变化、构图方式和细节塑造。它就像一个永不疲倦的学徒画家，不断吸收经验，最终在你输入一句话后，便能画出一幅契合你想法的作品。

如今，AI绘画的精细度和风格多样性，甚至可以媲美专业插画师，这意味着，哪怕你不会画画，也能用它完成海报、小说封面、产品概念图，甚至游戏角色设计等创作。

"通义万相"的理解与表达

"通义万相"不仅是"画画的机器"，它更像一位懂语言的创意合作者。它会把你的每个词语当成绘画指令：

- 名词：决定画面中的主体（如"骆驼""沙漠"）；
- 形容词：决定氛围与质感（如"荒凉""温暖"）；
- 动词：决定画面动感（如"缓缓前行""呼啸而过"）；
- 情绪词：决定色彩与光影倾向（如"孤寂"＝冷色调，"热烈"＝暖色调）。

你不是在输入一句简单的命令，而是在用文字为AI"布置任务"，AI则会用它的方式帮你完成这个构想。

文字到图像的思维转化

文本生成图像（Text-to-Image）技术的工作流程，可以理解为三个阶段：

1. 理解——AI用自然语言处理技术分析文字，提取场景元素、颜色、情绪等信息；
2. 想象——AI将这些信息映射成视觉特征，像在脑海中生成一张"画面草图"；
3. 绘制——AI用图像生成模型将草图细化成完整画作。

在这个过程中，描述越具体，AI的"想象"就越精准。例如，与其说"一个城市的夜景"，不如说"被霓虹灯照亮的街道，雨水在地面形成倒影，行人撑着伞穿行"，这样才能得到细节丰富的结果。

文字是AI的画笔，细节是画面的骨架，情绪是作品的灵魂。表达越具体，画面越鲜活；情绪越清晰，氛围越贴近。学会用语言为画面"设计蓝图"，不仅能让AI更好地完成创作，也能锻炼你的表达力与创意策划力。会用AI的人，不只是操作者，更是创作者。

任务3 使用"文生视频"功能创作视频作品

任务描述：

使用"通义万相"的"文生视频"功能，将输入的描述性的文字转化为视频。用户可以设置视频的比例、音效等参数，然后生成并预览视频，最终选择满意的视频进行下载。

任务 3　使用"文生视频"功能创作视频作品

（1）输入文字描述：在"文生视频"文本框中输入描述性的文字，用于生成视频内容。例如："鱼儿在水中欢快地游弋。背景是：森林深处的小溪边，溪水清澈见底，周围的树木郁郁葱葱。"

（2）设置参数：选择视频的比例（如"16∶9"），并打开视频音效。

（3）生成视频：单击"生成视频"按钮，等待视频生成完成。

（4）预览视频：视频生成完成后，进行播放预览，观察视频效果是否满意。

（5）下载视频：在视频预览页面，单击页面右上角的"下载"按钮，将满意的视频下载到本地。

实现步骤：

（1）访问"通义万相"网站，选择"视频生成"选项，在"文生视频"文本框中输入一段文字，例如："鱼儿在水中欢快地游弋。背景是：森林深处的小溪边，溪水清澈见底，周围的树木郁郁葱葱。"如图 6-18 所示。

（2）选择比例，如"16∶9"，打开"视频音效"开关，然后单击"生成视频"按钮，如图 6-19 所示。

图 6-18　在"文生视频"文本框中输入文字　　图 6-19　单击"生成视频"按钮

（3）等待视频生成，如图 6-20 所示。

项目6 "通义万相"应用

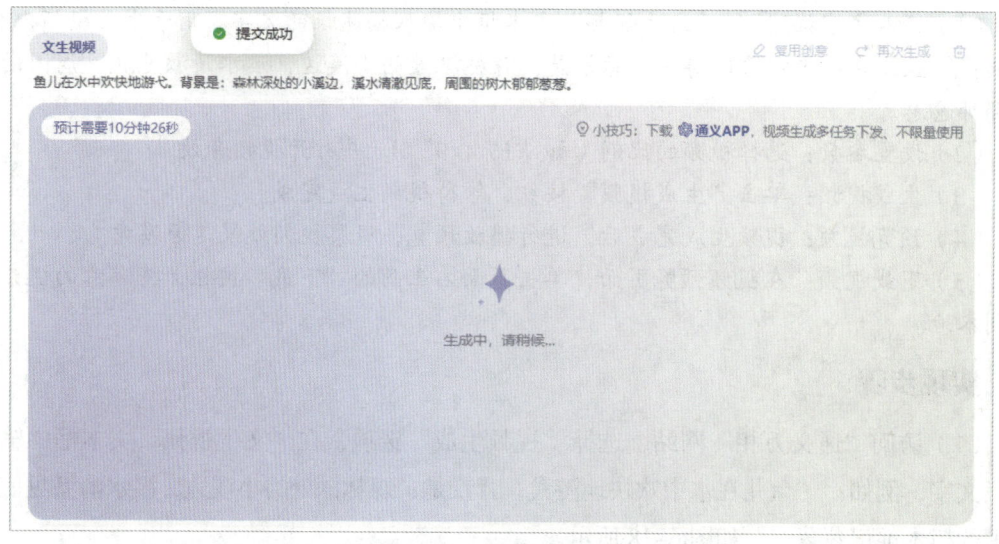

图 6-20 等待视频生成

（4）视频生成后，预览视频并观察视频效果，如图 6-21 所示。

图 6-21 观察视频效果

（5）在视频预览页面，找到并单击视频右上角的"下载"按钮，即可将视频下载到本地，如图 6-22 所示。

图 6-22 将视频下载到本地

知识链接：

AIGC 技术

AIGC 技术是人工智能技术的一个重要应用领域，它利用深度学习、自然语言处理等先进技术，将输入的文字、语音等转化为图像、视频等多种形式的内容。

在"通义万相"的"文生视频"功能中，AI 技术通过分析输入的文字描述，自动创建出与描述相符的视频内容，展现了 AIGC 技术的强大功能。

1. 文生视频技术

文生视频（Text-to-Video）技术结合了自然语言处理（NLP）、计算机视觉（CV）和视频合成（Video Synthesis）等多领域的成果。AI 会先理解文字中的场景、角色、动作与情绪，再将这些信息转化为一帧帧连续的画面，并根据时间轴进行动态生成。与静态绘画不同，视频还要考虑物体的运动轨迹、光影变化和镜头切换，这让生成的难度和对细节的要求更高。

2. 视频比例的影响

视频比例是画面宽度与高度之间的关系，会直接影响观看体验与构图效果。常见的比例有 16∶9（宽屏，适合电脑和手机横屏播放）、4∶3（传统电视比例）、9∶16（竖屏短视频常用）等。选择比例时要考虑视频播放的平台和内容特点。例如，社交媒体短视频更适合 9∶16，而宣传片或课程视频常用 16∶9，以便充分利用屏幕空间并营造沉浸式的视觉体验。

3. 视频音效的作用

音效是视频的重要组成部分，能够增强沉浸感、烘托氛围并引导情绪。在"通义万相"的文生视频功能中，用户可开启音效，使画面更具感染力。例如，森林场景的鸟鸣与流水声会让画面更静谧生动，城市夜景的车流声与背景音乐能强化都市节奏感。恰当的音效与画面结合，可以显著提升视频的整体表现力。

4. 从文字到视频的思维转化

生成视频的核心在于文字描述的完整度与细节丰富度。简略的描述可能让画面单调，而加入时间、地点、动作、光线、情绪等要素，则能让 AI 生成的画面更贴近你的构想。例如，把"鱼儿在水中"改成"清晨的森林溪流中，鱼儿成群结队地穿梭，阳光透过树叶在水面上跳跃"，不仅增加了细节，还为视频加入了节奏与故事感。

在文生视频创作中，文字就是分镜脚本。细节决定画面的完整性，情绪决定视频的感染力。描述越具体，画面和音效的匹配度就越高；情绪越清晰，视频的表现力就越强。学会用语言为 AI 搭好舞台，让它在你的构想中"演"出最生动的故事。

项目6 "通义万相"应用

任务4 使用"图生视频"功能创作视频作品

任务描述：

访问"通义万相"网站，使用"视频生成"页面中的"图生视频"功能，将上传的图片转化为视频以创作视频作品。

（1）上传图片：单击"图生视频"按钮，上传要转化为视频的图片，并选择适当的视频比例（如"16∶9"）。

（2）开启音效：打开"视频音效"开关，为视频添加音效。

（3）输入创意描述：在"创意描述"文本框中输入描述性文字，用于生成视频的内容。

（4）智能扩写：单击"智能扩写"按钮，等待扩写完成，并选择使用的扩写结果。

（5）生成视频：单击"生成视频"按钮，等待视频生成。

（6）预览视频：视频生成后，进行播放预览，观察视频效果是否满意。

实现步骤：

（1）访问"通义万相"网站，选择"视频生成"选项，单击"图生视频"按钮，准备上传图片，如图6-23所示。

图6-23 单击"图生视频"按钮

（2）上传图片时，选择一种适当的比例，如"16∶9"，如图6-24所示。

任务 4　使用"图生视频"功能创作视频作品

图 6-24　选择一种适当的比例

（3）上传图片完成后的效果，如图 6-25 所示。
（4）打开"视频音效"开关，如图 2-26 所示。

图 6-25　上传图片完成后的效果　　　　图 6-26　打开"视频音效"开关

（5）在"创意描述"文本框中输入文字，例如："一片广阔的沙漠中，一队骆驼在晚

123

霞下缓缓前行，留下一串串足迹。"如图 6-27 所示。

图 6-27 在"创意描述"文本框中输入文字

（6）单击"创意描述"文本框中的"智能扩写"按钮，等待扩写完成，如图 6-28 所示。

图 6-28 等待扩写完成

（7）扩写完成后，单击"使用扩写结果"按钮，如图 6-29 所示。

任务 4　使用"图生视频"功能创作视频作品

图 6-29　单击"使用扩写结果"按钮

（8）单击"生成视频"按钮，如图 6-30 所示。

图 6-30　单击"生成视频"按钮

（9）等待视频生成，如图 6-31 所示。

125

项目6 "通义万相"应用

图 6-31 等待视频生成

（10）视频生成后，预览视频并观察视频效果，如图 6-32 所示。

图 6-32 观察视频效果

知识链接：

视频生成技术的原理

视频生成技术通常基于深度学习算法，如生成对抗网络。这些算法通过分析大量的视频数据，学习视频内容的特征和规律，从而能够生成新的、与输入描述相符的视频。在"文生视频"功能中，AI 算法通过解析输入的文字描述，生成与之对应的视频帧，再将这些视频帧组合成完整的视频。

与"文生视频"功能类似但有所不同的是，"图生视频"功能更侧重于从图片出发

126

生成视频。AI 算法会分析用户上传的图片内容，以及用户在"创意描述"文本框中输入的描述性文字。"图生视频"功能是一种创新的视频生成技术，它依赖于先进的 AI 算法，将用户上传的图片转化为生动的视频作品。

1. 图片解析与预处理

用户首先上传一张或多张图片，这些图片将作为视频生成的基础素材。系统会对上传的图片进行解析和预处理，包括调整图片大小、色彩校正等，以确保它们适用于后续的视频生成过程。AI 算法会生成一系列与描述相符的视频帧。这些视频帧可能包括图片中的静态元素，以及根据描述添加的动态元素（如移动的对象、变化的背景等）。

2. 视频编辑与后期制作

虽然"图生视频"功能能够自动生成视频，但有时候用户可能仍需要对生成的视频作进一步的编辑和后期制作。这包括剪辑、调色、添加字幕和特效等操作。通过使用专业的视频编辑软件，用户可以更灵活地调整视频内容，使其更加符合自己的需求和期望。

3. AI 智能扩写技术

AI 智能扩写技术是一种基于自然语言处理算法的技术，它能够根据用户输入的简短描述，生成更加详细和丰富的文本内容。在"图生视频"功能中，智能扩写技术能够根据用户的创意描述，自动扩展出与描述相符的视频内容，为用户节省大量的时间和精力。

项目小结

通过本项目的任务实践，学生学习了"通义万相"的"文字作画""文生视频"和"图生视频"功能的使用方法，能够将输入的诗歌、描述文字及图片转化为具有独特风格和创意的画作和视频作品。

拓展练习

一、输入一首诗，使用"文字作画"功能创作图片

（1）输入《咏柳》这首诗进行"文字作画"。

咏柳

唐·贺知章

碧玉妆成一树高，

万条垂下绿丝绦。

不知细叶谁裁出，

二月春风似剪刀。

（2）输入《江雪》这首诗进行"文字作画"。

江雪

唐·柳宗元

千山鸟飞绝，

万径人踪灭。

孤舟蓑笠翁，

独钓寒江雪。

二、输入下列文字，使用"文字作画"功能创作图片

（1）"夕阳下，金色的麦田随风轻轻摇曳，远处是连绵不绝的群山。"描述了宁静的乡村景象，夕阳、麦田、群山等元素构成了一幅美丽的画面。

（2）"一只蓝色的鹦鹉站在枝头，羽毛闪烁着宝石般的光芒，眼神灵动。"刻画了一只色彩鲜艳、充满活力的鹦鹉形象。

（3）"深邃的宇宙中，一颗璀璨的行星环绕着巨大的黑洞旋转，星光点点。"展现了充满科幻感的宇宙场景。

（4）"古老的城堡矗立在山顶，城墙斑驳，周围是茂密的森林和蜿蜒的小径。"描述了神秘而古老的城堡环境。

（5）"秋天的森林中，树叶变成了金黄色和红色，阳光透过树叶洒在地上，形成斑驳的光影。"描绘了充满秋意的森林景象，色彩丰富而温暖。

三、输入下列文字，使用"文生视频"功能创作视频

（1）稻谷在秋天的田野里金黄耀眼，微风轻拂，稻浪随风翻滚。背景是：金黄色的稻田边，农民们忙碌地挥舞着镰刀，收割着丰收的果实，脸上洋溢着喜悦的笑容。

（2）蝴蝶在春天的花园里翩翩起舞，五彩斑斓的花瓣在阳光下，宛如璀璨的宝石。背景是：花香四溢的花园中，鲜花盛开，争奇斗艳，一片生机勃勃的景象。

（3）小鱼船在清晨的湖面上悠闲地游弋，薄雾缭绕在湖面之上，宛如仙境。背景是：太阳从东方缓缓升起，金色的阳光洒在波光粼粼的湖面上，映照着小船的轮廓，美不胜收。

（4）海鸟在海滩上欢快地飞着，吃着小鱼，海浪拍打着岸边，发出阵阵悦耳的声响。背景是：金色的沙滩上，海浪起伏，冲刷着岸边，带来了无尽的海洋气息。

（5）鸟儿在夕阳西下的山间归巢，晚霞映照在山峦之上，天空呈现出五彩斑斓的色彩。背景是：山间树木葱茏，群鸟欢快地飞舞着，这宁静而美丽的景象，令人陶醉。

四、导入图片，使用"图生视频"功能创作视频

根据自己的兴趣，自行准备一些图片文件，在"图生视频"功能中导入图片，创作视频。

项目 7　AI 短视频制作

知识导读

本项目将带领学生探索"度加创作工具",通过一系列实践任务,学习视频生成、声音克隆与应用的全方位技能。

学习目标

1. 知识目标

(1) 了解"度加创作工具"的基本功能和操作页面。

(2) 掌握"AI 成片"功能的使用方法和工作原理。

(3) 熟悉视频草稿作品的生成、下载及重命名的流程。

(4) 理解声音克隆技术的原理和应用场景。

2. 技能目标

(1) 能够使用"度加创作工具"的"AI 成片"功能,输入文案并生成内容丰富的视频作品。

(2) 能够自定义视频作品的素材、模板、朗读音、背景音乐及字幕等。

(3) 能够生成并下载草稿中的视频作品,并对其进行重命名操作。

(4) 能够克隆个人声音,并将其应用到视频作品中。

3. 素养目标

(1) 培养创新思维和审美能力,提升视频创作的艺术性和观赏性。

(2) 锻炼实际操作能力和问题解决能力,提高视频创作的效率和质量。

项目7　AI 短视频制作

任务1　使用"度加创作工具"创作短视频

任务描述：

使用"度加创作工具"的"AI 成片"功能，输入关于"AIGC 应用平台"的文案内容，通过 AI 扩写得到更加丰富的文案内容，进而一键生成视频作品。在视频生成过程中，用户可以自定义素材、模板、朗读音、背景音乐及字幕等，最终发布满意的视频作品。

（1）访问"度加创作工具"网站，选择"输入文案成片"选项卡。
（2）输入文案内容并单击"AI 扩写"按钮，等待扩写完成。
（3）对扩写后的文案进行编辑，直到满意为止。
（4）单击"一键成片"按钮，等待素材补充完成。
（5）预览视频播放效果，并根据需要选择竖版或横版模板。
（6）进入"朗读音"和"背景乐"设置页面，更换朗读音和背景音乐。
（7）选择"字幕"选项，进行字幕文本的逐行检查和编辑。
（8）完成所有设置并播放视频，若满意，则单击"发布视频"按钮。

实现步骤：

（1）访问"度加创作工具"网站，如图 7-1 所示。

图 7-1　访问"度加创作工具"网站

（2）选择"AI成片"选项，然后选择"输入文案成片"选项卡，如图7-2所示。

图7-2　选择"输入文案成片"选项卡

（3）输入文案内容，如"介绍有哪些AIGC应用平台"，然后单击"AI扩写"按钮，如图7-3所示。

图7-3　单击"AI扩写"按钮

项目 7　AI 短视频制作

提示：扩写需要消耗积分，积分不够时，可以通过签到、发布视频等方式获得积分。

（4）页面中显示提示信息"AI 扩写中"，等待 AI 扩写，如图 7-4 所示。

图 7-4　等待 AI 扩写

（5）弹出"AI 扩写中…"提示框，继续等待 AI 扩写，如图 7-5 所示。

图 7-5　继续等待 AI 扩写

（6）AI 扩写完成后，得到一份扩写后的文案，如图 7-6 所示。

提示：可以编辑扩写后的文案内容，直到自己满意为止。

132

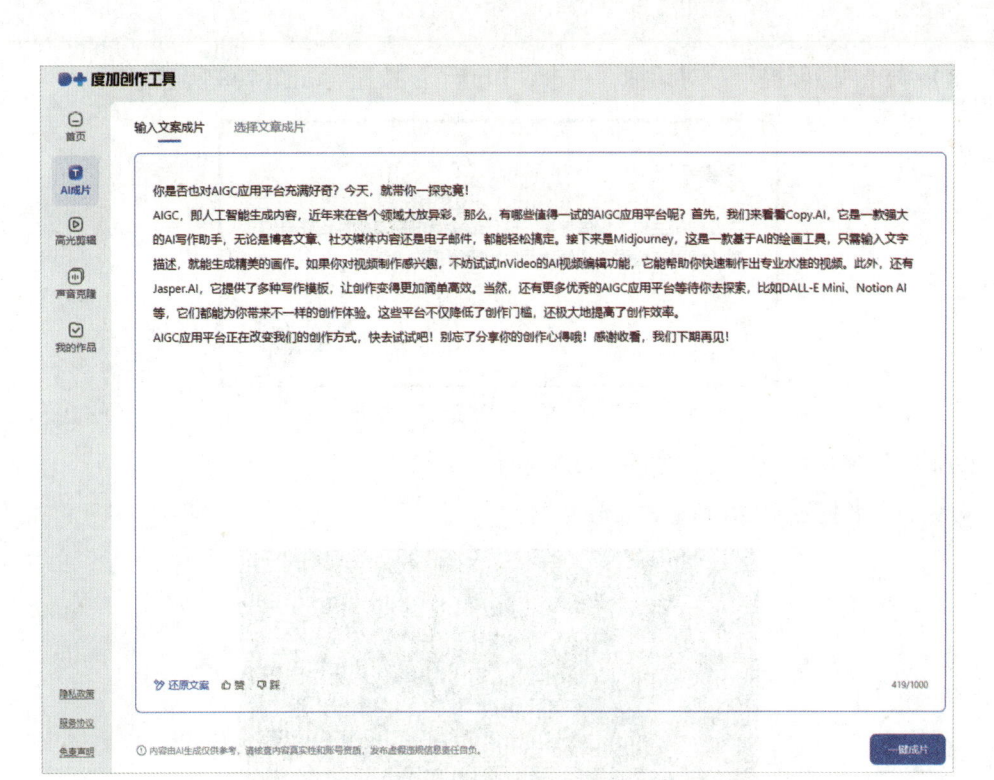

图 7-6　得到一份扩写后的文案

（7）单击"一键成片"按钮，如图 7-7 所示。

图 7-7　单击"一键成片"按钮

（8）弹出"温馨提示"对话框，单击"知道了"按钮，如图7-8所示。

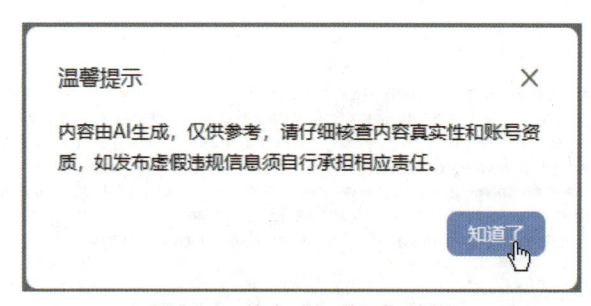

图7-8　单击"知道了"按钮

（9）等待素材补充完成，如图7-9所示。

提示：进度提示100%即完成素材补充。

图7-9　等待素材补充完成

（10）素材补充完成后的效果，如图7-10所示。

图7-10　素材补充完成后的效果

（11）单击"播放"按钮，预览视频播放效果，如图7-11所示。

图7-11 预览视频播放效果

（12）选择"模板"选项，选择"竖版"选项卡，根据需要选择一种竖版模板，如图7-12所示。

（13）如果不需要竖版模板，那么可以选择"横版"选项卡，根据需要选择一种横版模板，如图7-13所示。

图7-12 选择"竖版"选项卡　　　　图7-13 选择一种横版模板

（14）选择"朗读音"选项，进入"朗读音"设置页面，以更换当前朗读音，如图7-14所示。

（15）在"推荐朗读音"选区中，选择一种朗读音，将其更换为当前朗读音，如图7-15所示。

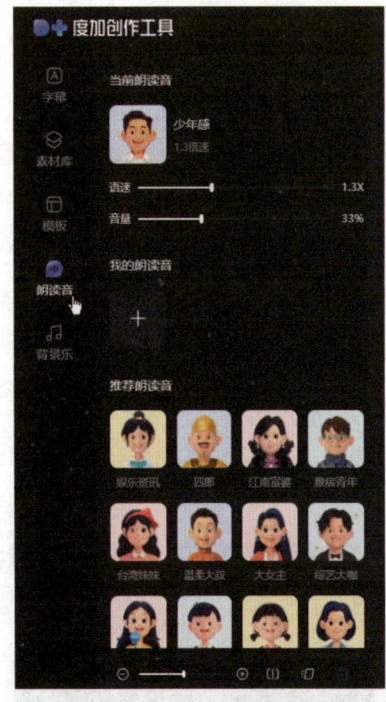

图 7-14 选择"朗读音"选项

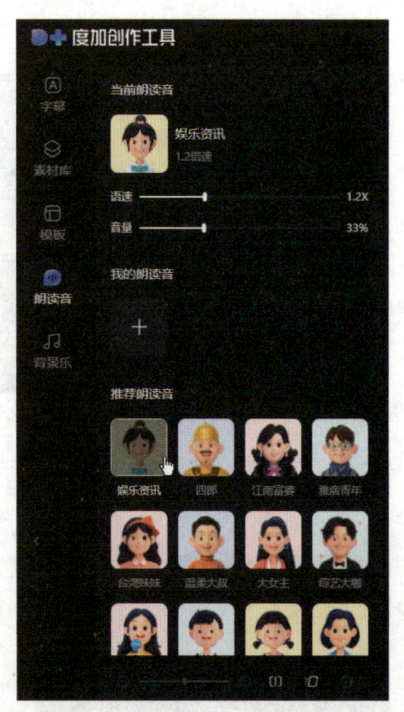

图 7-15 选择一种朗读音

（16）选择"背景乐"选项，在"推荐背景乐"选区中选择一种背景乐，单击"使用"按钮，即可将其更换为当前背景乐，如图 7-16 所示。

图 7-16 单击"使用"按钮

（17）选择"字幕"选项，逐行检查字幕文本并进行编辑，如图7-17所示。

图7-17 选择"字幕"选项

（18）完成素材、字幕、背景乐、朗读音、模板等设置后，播放视频。若感觉满意，则单击"发布视频"按钮发布视频作品，如图7-18所示。

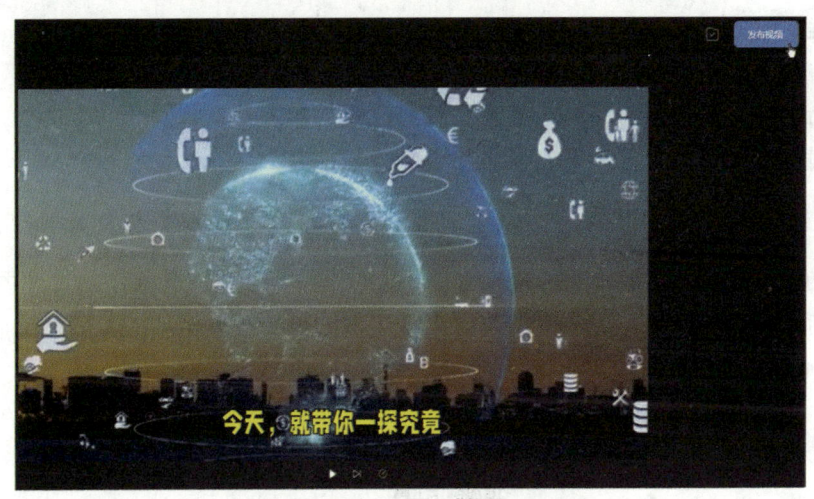

图7-18 单击"发布视频"按钮

知识链接：

"度加创作工具"

度加创作工具是一款集文案创作、视频生成、素材管理于一体的在线平台，它利用AI对文字、图片、视频等多种内容进行智能处理，让"从想法到成品"变得更高效。借助"AI扩写"，简单的几句话可以被丰富成更完整的表达；通过"一键成片"，文字会迅速匹配图片、配乐和字幕，形成一段可以直接发布的视频。

不过，AI的高效并不意味着可以完全放弃思考。比如，AI扩写的内容是否真正符合你的主题？配图和音乐是否传递了正确的情绪？字幕是否清晰易懂？这些判断，仍然需要创作者亲自完成。否则，视频虽然"做出来了"，却可能失去了想要传达的重点。

这种创作方式，其实和学习很相似——你可以借助工具快速获得信息或初稿，但

137

项目 7　AI 短视频制作

> 最终的质量取决于你对内容的理解和筛选能力。就像在做课堂笔记时，抄写只是第一步，整理和归纳才会让知识真正成为自己的。AI 可以帮你节省时间，但赋予作品真正价值的，是你的思考和选择。

任务 2　视频草稿作品的生成与下载

任务描述：

使用"度加创作工具"，对草稿中的视频作品进行生成处理，并在生成后下载该视频文件，最后对下载的视频文件进行重命名。

（1）访问"度加创作工具"网站，进入作品管理页面，选择草稿中的视频作品并单击"生成"按钮。

（2）在"待发布"选项卡中等待视频生成完成。

（3）视频生成后，单击"下载"按钮。

（4）打开已下载文件所在的文件夹，找到视频文件。

（5）对视频文件进行重命名，使文件名与视频内容适配。

实现步骤：

（1）访问"度加创作工具"网站，选择"我的作品"选项，进入作品管理页面。在"AI成片"选项卡中，选择要生成的视频草稿作品，单击视频草稿作品下方的"生成"按钮，如图 7-19 所示。

图 7-19　单击视频草稿作品下的"生成"按钮

138

任务 2　视频草稿作品的生成与下载

（2）"待发布"选项卡中将显示"请耐心等待正在生成中…"的提示，等待视频生成，如图 7-20 所示。

（3）待视频生成后，单击"下载"按钮，如图 7-21 所示。

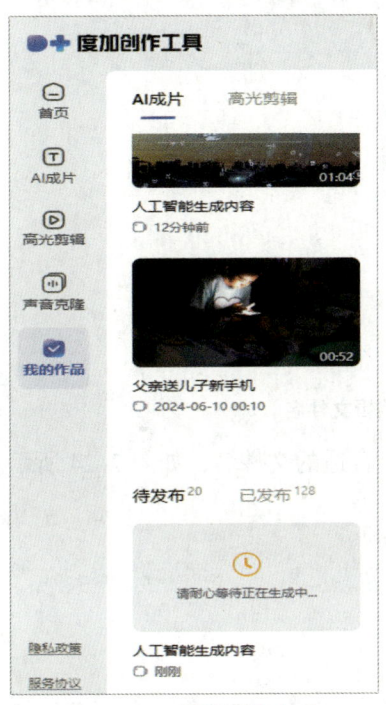

图 7-20　等待视频生成

图 7-21　单击"下载"按钮

提示：用"度加创作工具"创作的作品可以发布到百家号。

（4）在"下载"页面中，打开已下载文件所在的文件夹，如图 7-22 所示。

图 7-22　打开已下载文件所在的文件夹

139

项目 7 AI 短视频制作

（5）右击视频文件并选择"重命名"选项，重新编辑文件名，如图 7-23 所示。

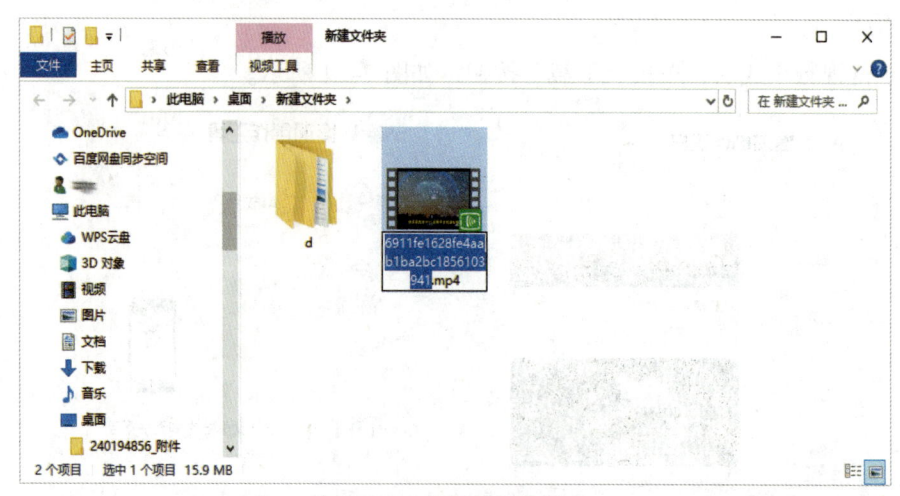

图 7-23　重新编辑文件名

（6）根据内容、标题等相关内容，输入一个合适的文件名，如图 7-24 所示。

图 7-24　输入一个合适的文件名

知识链接：

"度加创作工具"与百家号的兼容性

"度加创作工具"是百度打造的 AIGC 创作平台，其生成的视频在画质、分辨率、编码格式等方面通常与百家号的技术要求兼容。这意味着，用该工具生成的视频，在符合百家号内容审核规范的前提下，可以直接上传发布，无需额外转码或格式转换。这种无缝兼容不仅提高了发布效率，也减少了在不同平台之间切换的技术障碍。

文件管理与重命名的意义

对下载的视频文件进行重命名，不仅能让文件名与视频内容匹配，还能方便日后管理、归档和检索。例如，一段宣传 AIGC 平台的视频，可以命名为"AIGC 平台介绍_横版2025.mp4",这样在多个作品中也能一眼找到目标文件。良好的文件命名习惯,是专业内容创作者提升工作效率的重要方法之一。

版权与合规性注意事项

在使用"度加创作工具"时,应确保所用素材(包括视频片段、图片、音乐、配音等)不存在侵权风险。避免直接使用未经授权的素材,并在创作中优先选择平台自带的正版素材库。发布到百家号时,还需保证内容的原创性与合法性,避免因版权或违规问题导致作品下架或账号受限。

从生成到发布的思维链

视频创作不仅仅是生成成品,更是一个从构思到发布的完整链条。生成视频只是中间环节,文件管理、版权审查、格式适配和发布策略同样重要。养成在生成后及时检查视频质量、确认格式兼容性、完善文件信息的习惯,可以大大提高后续发布的流畅度与专业度。

任务3 声音的克隆与应用

任务描述:

使用"度加创作工具"克隆个人声音,并将其应用到视频作品中。
(1)进入"声音克隆"页面并开始录音。
(2)朗读例句后,使用"声音克隆"功能。
(3)等待克隆声音生成并保存。
(4)编辑视频作品,应用克隆的声音。

实现步骤:

(1)访问"度加创作工具"网站,选择"声音克隆"选项,然后选择"声音克隆"选项卡,单击"开始录音"按钮,如图7-25所示。

图7-25 单击"开始录音"按钮

(2)打开麦克风后朗读例句,如图7-26所示。

图7-26 打开麦克风后朗读例句

(3)朗读结束后,勾选"我已阅读并同意《度加声音克隆服务协议》"复选框,然后单击"开始克隆"按钮,如图7-27所示。

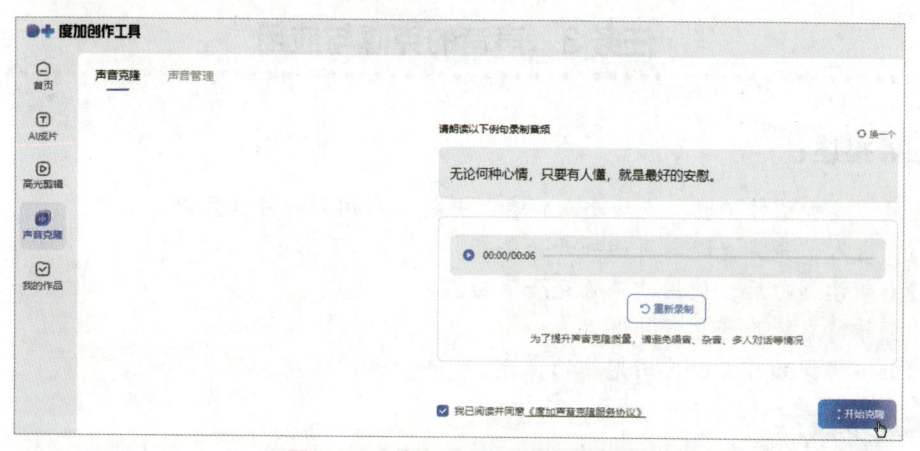

图7-27 单击"开始克隆"按钮

(4)弹出"正在生成克隆声音..."提示框,等待生成克隆声音,如图7-28所示。

图7-28 等待生成克隆声音

（5）克隆声音生成后，在"声音命名"文本框中输入名称，如"我的声音"，然后单击"保存声音"按钮，如图7-29所示。

图7-29　单击"保存声音"按钮

（6）选择"我的作品"选项，找到应用克隆声音的视频草稿作品，单击"编辑"按钮，准备应用克隆声音，如图7-30所示。

（7）选择"朗读音"选项，在"我的朗读音"选区中选择"我的声音"选项，即可将克隆声音应用到所选择的视频草稿作品中，如图7-31所示。

图7-30　单击"编辑"按钮

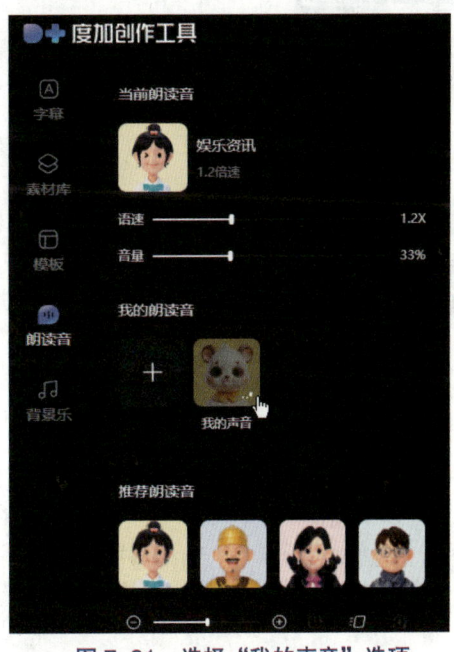

图7-31　选择"我的声音"选项

143

项目 7　AI 短视频制作

知识链接：

声音克隆

声音克隆（Voice Cloning）是一种基于深度学习的语音合成技术。通过分析录音样本的音色、语调、发音习惯等特征，AI 能够生成与原声极为相似的语音模型。常用方法包括卷积神经网络（CNN）、循环神经网络（RNN）以及更先进的端到端语音合成框架，这些模型在训练时会学习说话者的独特声音特征，从而在输入任意文本时，生成仿真度极高的语音。

在"度加创作工具"中，声音克隆让创作者的声音印记能够伴随每一个视频作品出现，即使在不方便录音的情况下，也能保持统一而鲜明的声音风格。声音不仅是信息的载体，更是情感与记忆的触发器——一个熟悉的语调，可能让人想起某位老师的叮咛、一段旅途中的笑声，或是某个值得反复回味的瞬间。这样的声音应用，不仅可以让视频被看见，还能让情感被感受到。

然而，声音同时也是个人隐私与身份的重要组成部分。在使用声音克隆时，应确保声音样本属于本人或已获得授权，并在必要时向观众说明使用了合成声音，避免侵犯他人权益或引发误解。只有在尊重与透明的前提下，声音克隆技术才能真正成为创作者的情感延伸工具，让作品既温暖动人，又合乎伦理。

项目小结

通过本项目的任务实践，学生学习了"度加创作工具"的基本操作和功能，包括"AI 成片"功能的使用、视频草稿作品的生成与下载及声音的克隆与应用。这些技能将为学生的视频创作提供强有力的支持，使其能够轻松创作出丰富、生动、具有个人特色的视频作品。

拓展练习

一、选择题

1. "度加创作工具"是以下哪个公司出品的？（　　）
   A. 腾讯　　　　　　B. 阿里巴巴　　　　　C. 百度　　　　　　D. 字节跳动

2. 在"度加创作工具"中，以下哪个功能可以一键生成视频作品？（　　）
   A. AI 笔记　　　　　B. AI 成片　　　　　　C. AI 数字人　　　　D. 素材库

3. 使用"度加创作工具"的 AI 扩写功能需要消耗以下哪一项？（　　）
   A. 流量　　　　　　B. 积分　　　　　　　C. 金钱　　　　　　D. 时间

4. 在"度加创作工具"中，以下哪一项可以对扩写后的文案进行编辑？（　　）

　　A. 直接在 AI 扩写页面编辑　　　　B. 无法编辑

　　C. 在一键成片后编辑　　　　　　D. 在生成视频后编辑

5. 在"度加创作工具"中，视频草稿作品的生成状态可以在以下哪一页面中进行查看？（　　）

　　A. 作品管理页面　　　　　　　　B. AI 成片页面

　　C. 声音克隆页面　　　　　　　　D. 素材库页面

二、简答题

1. 简述"度加创作工具"的主要功能。

2. 使用"度加创作工具"时，如何生成并下载草稿中的视频作品？

3. 使用"度加创作工具"时，如何将克隆的声音应用到视频作品中？

4. 使用"度加创作工具"时，需要注意哪些版权问题？

参考文献

［1］曾文权，王任之.生成式人工智能素养［M］.北京：清华大学出版社，2024.
［2］王东，马少平.人工智能通识［M］.北京：清华大学出版社，2025.
［3］黄河，吴淑英.人工智能导论［M］.北京：清华大学出版社，2024.
［4］周苏，杨武剑.人工智能通识教程［M］.北京：清华大学出版社，2020.
［5］董占军.人工智能设计概论［M］.北京：清华大学出版社，2024.